沙漠地鸦 / SHAMO DIYA

沙漠地鸦

SHAMO DIYA

马 鸣 主编

甘肃科学技术出版社

图书在版编目（CIP）数据

沙漠地鸦 / 马鸣主编 . -- 兰州 ： 甘肃科学技术出版社，2023.11
（自然笔记丛书）
ISBN 978-7-5424-2500-3

Ⅰ.①沙… Ⅱ.①马… Ⅲ.①塔克拉玛干沙漠－鸦科－普及读物 Ⅳ.①Q959.708-49

中国版本图书馆CIP数据核字(2021)第251368号

沙漠地鸦

马　鸣　主编

总 策 划　马永强
项目负责　宋学娟
责任编辑　陈学祥
封面设计　大雅文化

出　版　甘肃科学技术出版社
社　址　兰州市城关区曹家巷1号　730030
电　话　0931-2131572(编辑部)　0931-8773237(发行部)

发　行　甘肃科学技术出版社　　印　刷　甘肃兴业印务有限公司
开　本　880毫米×1230毫米 1/32　印　张　10　字　数　218千
版　次　2023年11月第1版
印　次　2023年11月第1次印刷
印　数　1~3000
书　号　ISBN 978-7-5424-2500-3　定　价　68.00元

图书若有破损、缺页可随时与本社联系:0931-8773237

沙

漠

SHAMO DIYA

地

鸦

主 编

马 鸣

副主编

徐 峰 童玉平

摄 影

魏希明 李 都 郭 宏 等

前言

2021 年 9 月，非常幸运地参与到了由中国林科院和新疆野骆驼保护区管理局组织的罗布泊综合科学考察之中，穿过库木塔格沙漠，深入罗布荒原，历尽艰辛，寻找地鸦。有人说，你都退休几年了，怎么还去野外吃西北风沙、蹲帐篷、啃干馍、喝咸水、走大漠？我说这就是个命，不破楼兰终不还的命！

下面我想讲几个考察中的小故事，让大家知道鸟类世界的趣味和困惑。

西出阳关 —— 寻找地鸦东扩的路径

9 月 6 日，考察队从敦煌出发，西出阳关，绕过三垄沙，一路西奔，逼近两种地鸦的模式产地 —— 塔克拉玛干沙漠。在罗布荒原的"大耳朵"东南缘，我拍摄到此行第一张白尾地鸦照片。

可能在野生动物的记忆里，罗布泊依然是万顷碧波，浩渺无际。环绕"大耳朵"，一些鸟儿们前赴后继，出现在了一望无际的罗布荒漠里，还有许多落在了方圆百里的盐田里。如大天鹅、翘鼻麻鸭、琵嘴鸭、绿翅鸭、凤头潜鸭、灰鹤、黑尾塍鹬、黑水鸡等。当然，在阿尔金山北麓和库木塔格沙漠之间，一些濒危物种也被拍摄到，如草原雕、金雕、凤头蜂鹰、猎隼、秃鹫、胡兀鹫、高山兀鹫等，有一些是新发现。初步统计，我们这次遇见的鸟类达80余种，其中国家一级保护鸟类有5种、国家二级保护鸟类13种，包括2种地鸦。

丝路寻踪 —— 揭示鸟类迁徙之谜

近年来，科研人员先后给天鹅、灰鹤、秃鹫、兀鹫、猎隼、

雨燕等安装了微型跟踪器。结果出人意料，它们竟然不约而同地出现在了罗布荒原及其相邻近的丝绸之路上。案例之一：普通雨燕，往返于中国与南非之间，春秋两季的飞行距离达2万多千米，一生的迁飞距离约40万千米，这几乎是从地球抵达月球的距离。案例之二：每年春天，来自云贵高原的灰鹤，直接从"大耳朵"上空飞过，翻越天山甚至连博斯腾湖都没有看一眼，就去了西伯利亚。案例之三：2019年的秋季，我们开始跟踪的一只天山秃鹫，它在迁徙途中走了一个"Z"字形，专门折回到罗布荒原上空，俯视盐漠，一直沿着罗布"大耳朵"的东岸飞行。

无论是小燕子，还是巨型秃鹫，它们都这么执着，一定有它们的道理！

生存之道 —— 八一泉及红十井成为小鸟集散地

将罗布荒漠形容成为生命禁区是不合适的，有一些布拉克（泉）散布在保护区内，为野生动物提供了生存条件。这次调查，八一泉及红十井等地是鸟类比较集中的地方，特别是在迁徙季节，种群数量增加，物种的多样性比较丰富。实际上，一些类似的碱泉、盐水泉、盐水沟、洪水洼地或被称之为肖尔布拉克的地方，都有芦苇、红柳、白刺和猪毛菜等植被覆盖，为鸟类提供了食物及良好的避风港。白尾地鸦就喜欢在八一泉附近活动，沿着阿奇克谷地白尾地鸦一直东扩至了敦煌附近。

红外相机 —— 窥探罕见的国家一级保护物种

据野骆驼保护区负责人介绍，他们连续10年跟踪和研究野骆驼，并在保护区内架设了一些红外相机。这些安装相机的地点多是动物迁徙通道或者水源地，这儿不仅有野骆驼光顾，还是其他物种的集散地，如鹅喉羚、盘羊、赤狐等。初步统计，鸟类就有至少16种被红外相机拍摄到，包括胡兀鹫、金雕、草原雕、秃鹫等国家一级保护动物。而胡兀鹫的频繁出现，说明附近就有其巢穴。9月13日，我们在小泉沟"大峡谷"一处约40米高的岸壁上发现一巨巢，估计就是胡兀鹫的巢。

扑了个空 —— 两种罗布地鸦的分野

我们研究新疆地鸦有几十年了，在国内外发表了10余篇研究论文，可以说没有功劳也有苦劳。但是，这次调查，白尾地鸦和黑尾地鸦的遇见率却非常之低，各有一两次（只）记录，几乎扑空了，这与以往的调查还是不一样的。世界上仅存4种地鸦，黑尾地鸦与白尾地鸦属于蒙新区特有物种。它们二者很有意思，一个生活在硬戈壁上，另一个则生活在软沙漠里，生态位分离，极少照面。只有在库木塔格沙漠与阿尔金山北麓衔接的地带，它们会出现交集或重叠，或者说距离最近。尽管如此，它们还是有许多不一样，正如本书中介绍的，除了生态位分离，还出现了形态分异、习性分异、地理分异、微生境分异等，总之不会因为密切接触而融合。

偶然相遇 —— 与10年前调查对比没有什么新发现

天高任鸟飞，任何新发现，都不会令人意外。这次考察，鸟类以观测为主，不能够采集标本，仅凭借自然死亡的个别干尸，一些种类的鉴定和分类还是有难度。而且，新的分类体系存在争议和混乱，如蜂鹰、柳莺、林莺、短趾百灵等，过去都是亚种，现在升格为种，鉴定结果确实存在分歧。与10年前的调查（袁国映等，2012）相比，这次在罗布荒原及邻近地区新增加的种类有凤头蜂鹰、黄腰柳莺、北红尾鸲等。这些都是非常偶然的记录，不具备代表性，甚至都不值一提。因为区系不同，这几种鸟类以往在新疆及其他周边地方也很罕见或不见（马鸣，2011）。

人工绿地 —— 有望成为更多鸟类的避难所

9月15～16日，我们专程拜访了中国科学院罗钾人工绿化试验基地，2万多平方米的绿地，彻底改变了职工的居住环境。有报道称，这个绿化工程开始于2013年，历经8年的时间，科学家们挖盐换土，精心育苗，改善环境，费尽了心思。最终，他们成功引种了40～60种耐盐和耐旱植物，如榆、沙枣、柽柳、梭梭、枸杞、紫花苜蓿等，为鸟类提供了丰富的食物和栖息地。过去，"天上无飞鸟，地上不长草，风吹沙石跑，岩壳扎破脚"的描述，确实是这里的真实写照。现在，在彭加木精神鼓舞下，年轻人挽起袖子加油干，开创了一个莺歌燕舞、鸟语花香、生机勃勃的景象。初步统计，园区的鸟类有20多种，加上空中飞过的迷鸟，种类可能超过40种。

野外考察还没有结束，我们还在荒漠无人区考察，期待有更多新发现。

马鸣

2021年9月29日（星期三）于乌鲁木齐

第一章

鸦与鹊的演变

马 鸣\文

美丽的鸦科鸟类——红嘴蓝鹊（魏希明 摄）

第一章　鸦与鹊的演变

　　鸦与鹊，是鸦科鸟类中的两大主力军。二者不难区分，外貌不太讲究或行为肮脏一些的是"鸦"，尾巴长一些或色彩反差大一些的是"鹊"。中国人对于二者赋予了不同的情感，爱恨情仇，达到了极致，简单而偏颇地对待它们。可是，一旦放眼全球，鸦与鹊这两个汉字就太肤浅了，不能够代表形形色色130多种鸦科鸟类。面对纷繁的世界，我们的文字就不够用了，多少有一些力不从心。

　　特别是遇见遥远的美洲鹊和澳洲鸦的时候，就像变魔术一样，令人目不暇接。它们有的美丽又聪慧，有的龌龊而狡诈。在分类学家翻译这些鸦或鹊的名称时，多少有一些相形见绌。

　　下面简单介绍鸦科的特点及分类，让我们一同走进这个神秘的世界。

美丽的鸦科鸟类——暗冠蓝鸦

（Thy Bun　摄）

一、乌鸦的超级大脑

说到聪明，不能不提及鸦类的大脑。

科学家们发现，乌鸦的大脑容量可以与灵长类动物相匹敌。注意这里的脑容量有两个概念：一个是绝对脑容量，就是多少克或者多少毫升，喜鹊和小嘴乌鸦只有6~8克，或者6~9毫升，这显然不能与兽类特别是灵长类（如人类上千克）相提并论。那么，只能用第二个概念，就是"相对脑容量"——脑/体比值来比较容易理解，所谓相对脑容量就是脑子重量与体重的比值。这样一看，乌鸦头上竟然顶了一颗"大脑壳"。

美丽的鸦科鸟类——蓝绿鹊

（魏希明　摄）

鸦科的头骨解剖比较（从左到右）：灰喜鹊、喜鹊、
小嘴乌鸦（蒋可威 制作／拍摄）

　　我们常说脑子"进水了"，这不是笑话，如果按照脑壳里
70%~80%是水分，剩下不足20%干物质，可想而知鸦脑壳的智慧
源自不到1克的遗传基因，那是多么神奇啊！

　　初步测算一下脑/体比值，人类的大脑平均重量约为1360
克，占平均体重（约63.5千克）的2.14%；而新喀鸦作为鸦科动物
中的明星，其脑/体比值甚至超过了人类，它的大脑重达7.5克，约
为体重（227克）的3.30%。我们测量白尾地鸦脑子重约3克，也
达到3%了。不过仅仅靠重量可能还不行，脑子大不一定就聪明，
还要进一步研究脑神经的网络模式和发育状况，我们还有一段路
要走。在下一章里，我们会通过一些经典实验，来检测鸦类或鹊
类的智慧。

虽然鸦类大脑进化的模式和驱动因素我们仍然难以捉摸，远不是上面说的那么简单。但可以肯定，鸦类与人类的进化模式不是一个路子。研究人员推测，在白垩纪物种大灭绝之后，演化出一些身体小型化，而脑容量相对更大的物种，就是说"脑子 — 身体"二者的演化是不同步的。在残存下来的佼佼者中，鸦类通过明显不同的进化模式获得了最大的大脑，这为随后的自然选择和稳定发展奠定了坚实基础。

研究证实，在恐龙向鸟类过渡的过程中，相对脑容量并没有明显地增加，也没有因为飞行而缩小。为了飞行，鸟类的身体简化了许多，牺牲了一些功能。首先是骨骼中空和高度愈合，在强度不减的情况下减轻了重量。二是由胎生、卵胎生进化到纯粹的卵生，将漫长的孕期 —— "大肚子"放在了体外的巢穴中完成。三是鸟类没有"膀胱"，我们知道动物体内70%~80%都是水分，为了减轻体重，鸟类以固体的形式排出身体的毒素 —— 尿酸，而不是尿液。四是消化系统的简化，所谓"直肠子"，它们连牙齿都省略了，还有什么东西舍不得丢弃的呢！诸如此类，还有许多简化程序，显示了鸟类与人类完全不同的进化模式。

我们研究乌鸦或喜鹊的思维方式，对于物种的多元发展、趋同进化等，或可以找到有趣的答案，同时也多了一把了解外星智慧的钥匙。人无完人，这就是为什么人们不遗余力地去研究世界各地的动物行为及其思维模式的原因吧。通过测试与比较研究，亦可以为探索人类社会进化过程中出现的困惑找到合理的解释。

二、化石中的鸦和鹊

—— 超黑现象与进化

根据最新的研究和对比澳大利亚（大洋洲）及其相邻区域鸦类的多样性，人们认为鸦类可能起源于这个奇妙的大陆，然后通过东南亚的岛链，渗透和传播到中国及世界各地。澳大利亚和新西兰在世界动物地理区划中属于澳洲界，被称之为世界物种"活化石博物馆"，其鸣禽中明显以鸦小目的种类占据绝对的优势。澳洲界绝大多数鸣禽都属于此一类，因而推断这里是鸦类的起源地和分布中心，就不足为怪了。在雀形目下的鸦小目鸟类中，最著名的是澳大利亚特有的琴鸟和主要分布于新几内亚的各种极

乌鸦的近亲澳大利亚钟鹊（崔大方 摄）

冠小嘴乌鸦（李 都 摄）

乌鸦都是一般黑吗？实际上鸦科种类 130 多种，大多数并不是黑色。而已知鸦属约 50 种，也不都是纯黑色。

乐鸟，还有天堂鸟、吸蜜鸟、园丁鸟、澳鸦、钟鹊等，它们都是鸦科以外绝顶聪明的鸟类。

已知的乌鸦化石记录，最早的可以追溯到中新世中期，大约距今 1700 万年前。著名的中新鸦和中新鹊（化石），可能分别是现生的一些乌鸦和喜鹊的祖先，或者是趋同进化的支系代表。俗话说"天下乌鸦一般黑"，而黑色的起源至今仍是一个谜。地球上几次大的"冰期"，曾经造成物种大灭绝，也许正是黑色让乌鸦们顺利度过了冰期。

科学家利用高光谱成像技术，发现了鸟类羽毛的"超黑"现象。从黑色到超黑色，是羽毛结构上的进化。对于这种"超黑"的羽毛，任何照射到其表面的光线和电波都会被毫无保留地吸收掉——零反射率，这实在让人难以置信。科学家根据这种羽毛结构，制造出隐形飞机，几乎完全吸收掉雷达的探测电波，让敌人视而不见。据说太空望远镜的内壁和太阳能板，也是涂了这种材料，可以99%地吸收到来自宇宙的射线。虽然，这些在军事上和太空上应用的新型材料是由科学家发明的，而鸟类的这一奇异的特点则是亿万年长期进化的结果。

有人形容这种超级黑，是至暗之黑，是厚黑之黑，就如同掉进了一个"黑洞"，令人双眼无法聚焦。那么，乌鸦的黑色或者超级黑色，就不简简单单地是为了躲避天敌或者吸收太阳热量吧！有人提出了"性选择"假说，似乎没有道理，因为黑色并不能让人赏心悦目。也许这只是人们的异想天开，而在鸟类眼里，超黑是一种很美丽的色彩。正因为超黑色，使得其他颜色更加突出，拉大了反差，甚至欺骗了我们的双眼，如天堂鸟的求婚仪式就是一

南亚的热带家鸦（李　都　摄）
乌鸦都是一般黑吗？实际上鸦科种类130多种，大多数并不是黑色。而已知鸦属约50种，也不都是纯黑色。

大胡子的乌鸦
渡鸦，密密的"鼻毛"几乎超出喙长
之一半（郭 宏 摄）

场超黑炫耀。还有人提出地理因素,在北方寒冷地区的物种多为黑色,如黑啄木鸟、黑琴鸡、松鸡、海番鸭、黑水鸡等。或者是"夜行性"动物的伪装色,这似乎也站不住脚。而地球上真正的夜行性物种,如蝙蝠、猫头鹰和夜鹰等,好像都不是纯黑色的,它们羽毛中的黑色素并不多。从鸦科鸟类大多数不是黑色来分析,早期的鸦类可能都不是黑色的,它们的祖先五彩斑斓,黑色是后来进化的结果。

新旧大陆都有鸦科的化石出土,显示出它们扩散的速度和适应能力。这些古老的鸦类或鹊类化石分别来自法国、乌克兰、意大利、美国等,是新旧大陆松鸦和喜鹊祖先。此外,中新世至上新世以来,现存属的化石种类亦很多,大部分都是现代欧亚大陆鸦类的化石及其亲属。

1978年,中国考古工作者首次在辽宁省营口市金牛山遗址发掘出土了地鸦胫跗骨化石。这可能是世界范围内唯一的一件地鸦化石,记录时代大约为更新世。可见,地鸦过去的分布范围比今天大许多。

鸦类雌雄羽色和外形大小很难区分，特别是在各种乌鸦混群的时候（李　都　摄）

三、鸦科鸟类的几大特点

众所周知，乌鸦表现出的非凡智慧，是迄今为止地球上最聪明的鸟类，没有之一。从喜鹊照镜子到乌鸦制作工具，都表现出了它们的自我意识和心灵手巧的技能 —— 只有少数灵长类动物才拥有的能力。我们将在第二章列举案例，全面介绍鸦与鹊的智慧。

在鸦科中，渡鸦是雀形目中体型最大的种类，体长达到67厘米，重量可以超过1.4千克，翼展约1.3米，相当于一只中等体型的猛禽。

通常，鸦科的种类体格都很结实，双腿强健有力，喙比较粗壮。虽然它们不是猛禽，但可以和猛禽一样凶猛，甚至敢于和猛禽争斗。

鸦科的雌和雄都非常相似，温带的种类羽毛主要是黑色或蓝色，也有黑白相间和棕色的种类。热带的种类一般比温带种类颜色鲜艳，它们中既包括最难看的乌鸦，也包括最美丽的蓝鹊。

除了蓝头鸦，所有鸦科种类的鼻孔都覆盖着致密的刚毛。之前，我们以为只有生活在沙漠中的地鸦，为了防范沙尘暴才长满了这种密密的"鼻毛"。大家知道，地球上的几次物种大灭绝大概率都与小行星碰撞地球有关。实际情况是，每次碰撞都造成了灾难性的大地震、火山爆发、沙尘暴、森林大火及超级烟雾弥漫，飘浮的尘埃覆盖了整个地球表面。没有阳光的地球，植物的光合作用受到影响，地表温度迅速下降，大的冰期出现，引发一系列物种灭绝的灾难。可见，适者生存，具有"鼻毛"的鸦类、鹊类活了下来。随后各种适应性特征应运而生，加上暗色的羽翼，成了鸦科鸟类制胜的法宝。

中国的鸦与鹊颜色太过于单调了——星鸦、灰树鹊、山鸦、喜鹊与乌鸦，真的无法与地球上其他地区的鸦科鸟类相比较（魏希明 摄）

四、形形色色的鸦和鹊
——鸦科23～29个属简介

　　鸦科的世界很精彩，但汉字中的鸦科分类却比较简单，无外乎树鹊、乌鸦、蓝鹊、噪鸦、喜鹊、星鸦、地鸦、山鸦和松鸦等，归根到底就只有两个字：鸦和鹊。尾巴比较长的鸦科鸟类被称之为"鹊"，尾巴短一些的无论什么颜色都是"鸦"。看来仅用两个汉字确实不够用，遗留下来许多麻烦和问题，如冠蓝鸦属、蓝头鸦属、蓝鸦属、蓝头鹊属等，好像是在玩数字游戏，是不便于物种分类的。而英文至少有八九个独立单词，分类特征都比较明确，就是这样，也感觉不够用。

　　我们知道，全球鸦科分类为23～29个属（其中有一些种和属或独立为科了），合计超过133种。而中国只有12属、29种。显而易见，鸦科中大部分种类是中国没有的，这限制了我们的想象力。你看下面的逐一介绍，就会发现中文名称重复出现，比较混乱，单词有限以至于有一点"理屈词穷"，很不便于记忆和区分。因为，国外的鸦科种类多五颜六色，特别是美洲的一些种类都比较艳丽，说它们是"鸦"，实在是太委屈了。美洲鸦为什么不能叫"鹊"呢，百思不得其解。它们赤橙黄绿青蓝紫，各色几乎都有。

言归正传，鸦科的家族不算庞大，但是适应性却比较强，数量十分巨大，分布亦极其广泛。有一些大类（如渡鸦族群），属于全球性分布，除了北极高纬度地区、南极冰盖、南美洲的南部及一些海岛之外，各大洲均有它们的身影。如上所述，作为鸦类的起源地，澳大利亚及相邻地区的种类比较复杂，争议也比较大，有一些属或种已独立为科，如垂耳鸦科、钟鹊科、澳鸦科、冠鸦科等。我们求同存异，不嫌麻烦，一并分组，按属逐一介绍如下。

1.山鸦组（欧亚大陆）

（1）山鸦属

这个属只有2个种，即大家熟悉的红嘴山鸦和黄嘴山鸦，在系统进化树上是单独的一个分支，排在最上面，可见其分类地位非同一般。山鸦通体羽毛黑色，大小如同寒鸦，全长36～44厘米。其长而阔的羽翼，使它们具有高超的飞行技巧，如同猛禽一般随着热气流在高空中翱翔、盘旋、俯冲、翻转、飘移。两种山鸦镶嵌分布于欧亚大陆和北非中低纬度的山地，包括新疆天山、青藏高原及周边的山脉，海拔2000～6500米。两种山鸦可能同时出现

只有两种山鸦，长相一模一样，区别不甚大（李 都 摄）

在同一座山脉，但黄嘴山鸦比红嘴山鸦分布的海拔要高一些，这可以避免食物竞争，所谓的"生态位"分离也。

据说，已知记录的山鸦最高点，位于珠穆朗玛峰地区海拔7950米的位置。当然，登山队员在海拔8200米以上的空中也能够看到它们的身影。山鸦巢通常建在悬崖上的缝隙之中，在村庄附近或者建于桥涵下。窝卵数3～5枚，由雌鸟单独孵化。山鸦的鸣叫声比较独特，哗呦——，哗呦——，哗呦——，十分悦耳，伴随着山风可以传播到很远的地方。

2.树鹊组（南亚）

（2）盘尾树鹊属

仅有2种，即盘尾树鹊和黑头树鹊。二者狭域分布于南亚丛林，比较罕见。全长31～35厘米，嘴粗厚而呈钩状，尾甚长而端部展开，十分独特。体羽闪亮灰色，具有金属光泽。成对或小群活动于次生林、竹林、灌木丛。在林下矮植被上觅食，攀爬灵活，用长尾巴平衡身体，可以做很多惊险的动作。喜食昆虫，如蝗虫、螳螂和白蚁等，偶尔也会捕食其他小型鸟类。根据杨岚等主编的《云南鸟类志》（下），本属中国目前可能只分布有一种，即盘尾树鹊（尚未经证实）。

（3）树鹊属

有6～7种，分布在喜马拉雅山麓、南亚和东南亚的灌丛和森林里。体长35～44厘米，嘴巴粗壮，尾巴修长。据郑光美（2017）调查，在中国南方分布有棕腹树鹊、灰树鹊和黑额树鹊等。喜欢吵嚷，声音变化多端，有时叫声若粗犷的金属般铿锵声，也作粗哑乐音，告警时叽喳作叫。常成对或集小群活动，栖于高大乔木上端，喜欢在树枝间不停地跳跃，或从一棵树滑飞到另一棵树。营巢于丛林之中，巢呈平台状。采食坚果、浆果、花蜜等，亦食昆虫、蜥蜴等动物性食物。

（4）白翅鹊属

仅有1个单型种，即白翅鹊，抑或被称之为"婆罗洲黑喜鹊"。顾名思义，白翅鹊通体紫黑色，羽毛泛蓝色金属光泽，翅上有一长条白色细线，十分显眼。其平均体重约为180克，栖息地包括南亚热带或亚热带的湿润低地森林和沼泽树林。因为栖息地丧失，在南亚的一些国家已经绝迹，因此白翅鹊的保护状况被评为"近危"。

（5）塔尾树鹊属

只有1个单型种，即塔尾树鹊。其外形和大小与盘尾树鹊比较相似，通体黑色，羽毛泛紫蓝色金属光泽，全长30～33厘米，因其独特的塔形棘尾而得名。常成对或3～5只结小群活动于密林中，在树冠间来回往返，叽叽喳喳，彼此呼唤，夜栖地比较固定。塔尾树鹊以昆虫及某些植物的果实为食，繁殖资料匮缺。在中国仅分布于云南南部和海南岛中南部山地，海拔70～1600米。属狭域物种，数量极为稀少。

3.东方艳鹊组（东南亚）

（6）绿鹊属

共有4个种，顾名思义，色彩艳丽，赤橙黄绿，应有尽有。个体大小33～38厘米，在中国分布有2种，即蓝绿鹊和黄胸绿鹊（印支绿鹊），见于西藏、云南、广西等地。性情诡秘，善于隐蔽。

蓝绿鹊（魏希明 摄）

灰树鹊（魏希明 摄）

拍摄于北京奥林匹克公园的红嘴蓝鹊（李 都 摄）

栖于密林，常闻其声，但不见其身。绿鹊属于东南亚特有物种，喜欢以小家族群栖于热带或亚热带常绿阔叶林、原始林、过伐林和次生林中。性情隐秘而畏人，但叫声响亮而刺耳。食性随季节和环境而变化，夏季主要以昆虫等动物性食物为食，其他季节则亦采食植物果实和种子等。

（7）蓝鹊属

这个属有5个种，在中国分布有4个种，如台湾蓝鹊、红嘴蓝鹊、黄嘴蓝鹊和白翅蓝鹊。其中的台湾蓝鹊，是台湾岛上特有鸟种。几种蓝鹊体长在43～69厘米之间，个头都比较大。耀眼的蓝色和修长的尾羽，体态美丽，飘逸潇洒，引人注目。栖息于不同类型的森林中，从山脚平原、低山丘陵到山地。吱吱嘎嘎，叫声比较大，有时还会模仿其他鸟的叫声。如同其他鸦科鸟类一样，攻击性比较强。食物谱极为广泛，以昆虫、蜗牛、蛇和小鸟等动物性食物为食，也吃植物果实、种子、玉米、小麦等。

4.古北界松鸦组（欧亚大陆）

（8）松鸦属

共有3个种，即松鸦、黑头松鸦、琉球松鸦。松鸦体长约35厘米，翼上具黑色及蓝色镶嵌细纹图案。腰白，髭纹黑色。两翼黑色具白色块斑。飞行沉重，振翼无规律，两翼略显宽圆。松鸦广泛分布于欧亚大陆的森林里，海拔400～3700米，已经分化出34～36个亚种，中国就有七八个亚种，形态变异都比较大。食物较杂，随季节变动很大，多以昆虫、蜘蛛、雏鸟、鸟卵、动物尸体、玉米、浆果、松子及橡树子为食。营巢于大树上，巢呈杯状，窝卵

松鸦（魏希明 摄）

数3～10枚。领域行为极强,敢于主动围攻猛禽。在中国,常被捕捉饲养,作为笼养鸟出售。我们在乌鲁木齐的华凌鸟市,就曾经见到过笼养的松鸦。

（9）地鸦属

全世界只有4种地鸦,即伊朗地鸦、土库曼地鸦、白尾地鸦、黑尾地鸦。分布区域仅限于西亚和中亚极端干旱地区,从伊朗至蒙古国一带。在鸦科之中,地鸦个头偏小,体长24～29厘米,体重90～130克。体羽多呈沙褐色或土灰色,嘴向下弯曲。双腿健硕,善于在沙地或戈壁滩上奔跑,很少做远距离飞行。杂食性,包括昆虫、蜥蜴、植物及其种子。有储食习惯,很少见饮水。中亚

是地鸦属的发源地，全世界4种地鸦中有2种主要分布于中国西北部——白尾地鸦和黑尾地鸦，前者为中国独有种。而这2种地鸦的模式标本产地都分别采集于新疆南部的莎车县和巴楚县。最近，有人根据形态与行为差异，建议将4种地鸦拆分成2个不同的属，一个是波斯地鸦属或黑胸地鸦属，另一个就是新疆地鸦属或黑冠地鸦属（理由见第三章）。

（10）拟地鸦属（地山雀属）

这是一个有争议的中国青藏高原特有属，或已归入山雀科地山雀属。仅有1个单型种，即褐背拟地鸦，近年抑或被称为"地山雀"。体长16～19厘米，嘴较细长而稍向下弯曲。通体沙褐色，下体近白。是一种高山草原和高原荒漠鸟类，分布在海拔2500～5500米的青藏高原及周边地区。为地栖性鸟类，主要在地上活动和觅食。行进为跳跃式，飞行能力弱，一般不远飞，最多100米远。在比较低矮的台地洞穴里繁殖，每窝产卵4～8枚，以6枚居多。行为复杂，社群中婚外后代占有一定的比例，是研究婚外父权的主要试验对象。与其他鸦科鸟类的相似之处是其御敌行为，如果有香鼬等天敌进入其巢区时，它们会立即鸣叫报警，同伴们迅速在此聚拢，进行围攻，有时候甚至会招引聚居此处的几种雪雀前来助战。

中亚沙漠里的地鸦——白尾地鸦，背景是荒漠环境（马 鸣 摄）

褐背拟地鸦，外形和羽色极像地鸦，分类有歧义，现亦叫"地山雀"（马　鸣　摄）

5.须嘴鸦组（非洲）

（11）须嘴鸦属

仅有1个单型种，即须嘴鸦，抑或被称为"羽嘴鸦"。是非洲大陆上的一个特殊物种，分布于撒哈拉沙漠周围广大地区。非常奇怪的是，在系统进化树上，须嘴鸦属与地鸦属竟然排列在一起，这难道是沙漠环境下的一种趋同进化？须嘴鸦经常喜欢站立在非洲水牛的背上，寻找食物和瞭望周围的环境。其修长的尾巴，通常可以作为第三条腿或支点，站在晃动的水牛背上以维持其平衡。除了捕食非洲大草原上的蝗虫，它们还取食水牛背上的寄生虫。为什么非洲大象也能够容忍其在敏感的皮肤上跳来跳去，原来它在啄食寄生虫，为大型兽类挠痒痒，显然它们之间是存在互利互惠关系的。

6.灰丛鸦组（非洲）

（12）灰丛鸦属

仅有1个单型种，即灰丛鸦，或被称为"埃塞俄比亚灌丛鸦"。千万不要与"丛鸦属"混为一谈，这不是巧合，它们二者完全没有相关性，仅仅是因为名称上的雷同而已（命名中的又一个失败案例）。灰丛鸦大小、外形都与地鸦和星鸦接近，被认为是近亲，或为"趋同进化"的结果。全长28~30厘米，体重110~130克。通体蓝灰色，翅和尾羽为黑色。灰丛鸦是非洲大陆上的一个特殊物种，分布于埃塞俄比亚。眼周裸露的皮肤，可以起到散热的作用。为了隔绝酷热，其巢的结构与喜鹊巢一样硕大和复杂（泥巢）。灰丛鸦的栖息地比较开阔，包括干燥的非洲稀树草原和热带低地干燥的疏灌丛，它们对气温变化非常敏感。灰丛鸦的合作繁殖，精诚团结，至少有6位成员参与筑巢和育雏活动，表现出了复杂的社会互动能力。这些特征又与澳鸦、钟鹊等比较接近，可能是继承了它们的衣钵吧。

7.星鸦组（欧亚大陆、北美）

（13）星鸦属

　　属下只有2个种，分别是北美星鸦和星鸦。中国仅分布1种，即星鸦。其形态独特，体长29～36厘米，体羽黑褐色，全身布满

星鸦（马 鸣 摄）

白色星点。星鸦叫声粗厉,高而尖锐,喜欢管闲事,也比较好斗。广泛分布于欧亚大陆的北部泰加林中,以松子为食,也埋藏坚果,以备冬季食用。星鸦在高大的针叶树上筑巢,距地面高度10米以上。巢用树枝、地苔建成,内衬苔藓和干草。雌鸟每巢产3~4枚卵,偶然5枚,孵化期16~18天。雌雄鸟轮流卧巢孵化,这在鸦类中是少有的。雏鸟晚成性,育雏期为3~4周。

科学家发现,北美星鸦是分散储藏食物的记忆大师。为了度过严冬,一个夏季一只北美星鸦竟然搜集了3万多颗松子。它的舌头下面有一个特殊的大囊袋,一次的携带量多达30~150粒种子。这么多松子被藏在5000多个地点,方圆数十乃至数百平方千米范围里,并且可以迅速找到。由于季节变化,地上可能落满了树叶、积雪、尘埃和泥沙等,但星鸦依然可以记得,不费吹灰之力就找到了,这种空间记忆有效期长达6~9个月。第二年春天,可能剩余的一些松子发芽了,这时候星鸦成了大自然的播种者。

星鸦栖息于海拔900~3600米的高山针叶林里,因为气候变化,星鸦非常敏感于全球温度上升,它们的栖息地在逐渐向上移,就是往高处走。我们知道,高山和森林上线是不会跟着变化的,那么星鸦的适宜分布海拔区域就会越来越狭窄,栖息地面积会疾速减少。结果,种群数量急剧下降,成为不能不面对的棘手难题。

跨过白令陆桥到达北美洲的黄嘴喜鹊，看上去地地道道就是一个中国喜鹊的翻版（Thy Bun 摄）

8.极北喜鹊组（欧亚大陆、北美）

（14）鹊属

鹊属有3～4种（或为亚种），如欧亚喜鹊、黑嘴喜鹊、黄嘴喜鹊、北美喜鹊等。欧亚喜鹊全长40～50厘米，通体黑白二色，尾羽修长，几乎超出了全长的一半。杂食性，夏季主要采食昆虫等动物性食物，冬季则采食植物的种子和果实。喜鹊是适应能力比较强的鸟类，喜欢与人为邻。性情机警，胆略过人，经常会有一只喜鹊站在高处放哨，遇到危险，即刻发出呼唤，与同伙一起逃离。在山区、丘陵、平原都有栖息，尤其是多在村庄、城市公园、人工林带中繁育后代。喜鹊的窝比较大，外径达1.2米。从外观上看很粗糙，其实内部比较复杂。通常，鹊巢有圆顶盖，窝内垫有泥巴、棉絮、兽毛、头发和绒羽，侧面有1~3个开口。

黄嘴喜鹊和黑嘴喜鹊都是欧亚喜鹊的后裔，它们是通过白令海峡 —— 曾经是贯通两大洲的陆桥 —— 进入到北美洲的，在形态上与中国喜鹊一脉相承。后来经过了几次冰期和造山运动，黄嘴喜鹊与黑嘴喜鹊才分化出来，二者的遗传差异相对较低。实际上，美洲的鸦科鸟类，包括那些色彩缤纷的鸦类和鹊类，都是这样穿过"白令陆桥"向北美洲、中美洲、南美洲扩散，经过几百万年的磨合、适应、隔离、分化，逐步形成今天的样子。

在中国，还有一个更宏伟的、充满想象力的"鹊桥"神话，无数只喜鹊在七夕搭成天桥，让牛郎和织女相见，这么动人的传说

灰喜鹊（魏希明 摄）

在中国几乎是家喻户晓。几千年来，华夏喜鹊文化形成了许多有趣的故事和类似的传说，如古文中曾有喜鹊"识太岁"和"避太岁"之说。智慧的喜鹊，做窝选址时都比较讲究，如同风水先生，产生了所谓不可在"太岁头上动土"的迷信故事。后来，出神入化，演绎出喜鹊有感应和预兆的能力，所谓"闻鹊声，是喜兆"。

（15）灰喜鹊属

现分为2个种，即灰喜鹊和伊比利亚灰喜鹊。灰喜鹊通体灰蓝色，体长35～40厘米。繁殖期为4～6月，营巢在大树杈上，巢距地面7～15米。巢呈平台状，由细枝、麻线、纤维、兽毛等做成。产4～6枚卵，最多9枚。卵灰白色，满布褐色斑点。孵化期为17～18天，育雏期约18天。常十余只或数十只一群，穿梭于树林间，叽叽喳喳，四处游荡，捕食昆虫。在灰喜鹊的社群中，亦存在"帮手"现象，这些帮手多为雄性，它们并不直接参与育雏活动，而主要是在负责保卫领地和抵御天敌方面做出贡献。灰喜鹊曾经是食虫"益鸟"，成功地应用于松毛虫的防治。近年因为盲目"放生"而种群迅速扩张，已经变成了作恶多端的"害鸟"——是入侵性极强的一种鹊类。

入侵性极强的灰喜鹊，短短数年，就向西扩散了几千千米，甚至进入了新疆腹地和青藏高原（魏希明 摄）

9.真乌鸦组（各大洲）

（16）鸦属

天下乌鸦一般黑，就是指这个属。是鸦科中种类最多的一个属，全球有43～51种（亚种）。中国9种，如寒鸦、渡鸦、小嘴乌鸦、秃鼻乌鸦等。它们也是雀形目中体型最大的一类，体长40～60厘米。它们具有聪慧的大脑、健壮的体格和宽阔的翼膀。腿和趾强而有力，喙坚硬而较粗大，杂食性。几乎遍布于世界的每一个角落，是鸦科适应能力最强的一个属，亦是鸟类中进化程度最高的一类。具有复杂的求偶炫耀飞行行为，繁殖力特强，用树枝加泥巴或者马粪建筑温暖的巢穴。每窝产卵5～7枚，卵壳竟然都是色彩斑斓的样子，如同"彩蛋"，蓝绿或者灰绿色，布有褐色、灰色细斑。在2000年，有科学家发现两种寒鸦与其他

天下乌鸦确实是黑色，渡鸦（下）和寒鸦（右上）是它们中的典型代表（魏希明　马　鸣　摄）

乌鸦的遗传距离比较远，之后国际鸟类机构就认可了这个"寒鸦属"（*Coleus monedula*）的分类地位，这在系统发生树上已经体现出来。

按照地理分布区划分，真鸦可细分成7个群（组），遍布四大洋五大洲，如澳大利亚 — 大洋洲群有12～13种、太平洋岛屿群有1～2种、亚洲群有8～9种、欧亚 — 北非群有6～8种、泛北极群有1～2种、北美洲与中美洲群有10～11种、非洲群约5种。

10.北噪鸦组（欧亚大陆及北美）

（17）噪鸦属

是比较另类的鸦科鸟类，已知的3种噪鸦，体型都比较小，体长28～31厘米。其中，北噪鸦和黑头噪鸦分布在中国，后者为中国特有种。性情活泼，叫声粗犷。它们活动于针叶林及林间较为开阔的地带，采食昆虫、雏鸟、鸟卵、鼠类、腐尸肉，也吃植物叶、芽、果实、种子和农作物等。其巢位于树顶部枝杈处，距地面5～20米。巢呈碗状或宽口杯状，内垫有羽毛。4月即开始营巢，5月产卵，窝卵数2～4枚，偶然5枚。噪鸦的特点包括储食行为、合作繁殖、年轻个体延迟扩散行为等。"延迟扩散"

是指后代在性成熟以后仍然滞留在父母的领地内,协助父母养育雏鸟的行为。

11.美洲鸦组(新大陆)

(18)丛鸦属

有5~7个种,最有名的是西丛鸦,本书有不少关于它的故事。这个属个头都不大不小,体长介于27~32厘米之间,毛色独特,是具有天蓝色和白色羽毛的美丽鸦类。它们飞行缓慢,但在地面活动相当灵活,以长腿跳跃行进。丛鸦属于美洲鸦类,分布于北美洲和中美洲。埋藏食物与情景记忆,精准找回食物是丛鸦的独门绝技。而丛鸦的合作繁育与异亲帮手行为,都成为科学家研究的热点。它们平时喜欢停在白尾鹿的身上,为其清理寄生虫。因为城市化扩张和农业开垦,丛鸦的栖息地锐减。佛罗里达丛鸦是濒危物种,数量非常少,它喜欢低矮的灌丛和开阔的景观。科学家用了六七十年时间观察和研究这种丛鸦家族史,有意思的是丛鸦喜欢火烧迹地,每隔十年放一次野火,对其的种群发展非常有好处。丛鸦中寿命最长者,接近16岁。

分布于阿尔泰山针叶林里的北噪鸦
(马 鸣 摄)

加州松鸦

来自北美洲漂亮的西丛鸦，亦叫加州松鸦（Thy Bun 摄）

（19）鹊鸦属

这个属只有2个种，即黑喉鹊鸦和白喉鹊鸦。个头比较大，体长约56厘米，蓝色和白色基调，尾羽较长，具有发达而直立的羽冠，有时候被归入蓝鸦属。杂食性，以毛毛虫和各种水果为食。其他食物包括蚱蜢、螽斯、蜥蜴、青蛙和各种小型鸟类的雏鸟等。分布于中美洲的密林里，两种鹊鸦存在杂交。它们都是长寿鸟，可活20～25年。

（20）冠蓝鸦属（蓝松鸦属）

已知有2种，暗冠蓝鸦和冠蓝鸦，或被统称为蓝色的松鸦（blue jay）。体长30厘米左右，体重约100克，广泛分布于北美地区。栖息于混合林、落叶林、公园和城市花园，通常成对或者小群生活。杂食性，会在地面和树上觅食，包括各种类型的植物和动物性食物，如坚果、草籽、谷物、水果、浆果、花生、葵花籽、面包、肉类及小型无脊椎动物。善于鸣叫，也会模仿其他物种的声音。北美两种冠蓝鸦的分布一般不会重叠，但在科罗拉多交汇区，曾经

冠蓝鸦（陈　理　摄）

出现杂交现象。冠蓝鸦行为比较复杂，都非常有个性。会储存喜欢吃的食物，为了防止被窃贼瞅见，它们会有一些假动作，以掩人耳目。

（21）蓝鸦属

在鸦科之中种类比较多的一个属，共有16种。这个属的分类属性不统一，处于激烈分化中，合合分分，比较混杂。系统发育树揭示了蓝鸦属的非单系性，并将整个族群分为至少两组。体羽鲜艳，变化多端，五颜六色，颊部皮肤或裸露。广泛分布于美洲热带地区，从美国、墨西哥一直至阿根廷和秘鲁。蓝鸦的攻击性比较强, 还有狡兔三窟的记录。广泛分布于南美洲、中美洲的绿蓝鸦（Green Jay）也算是个明星物种, 据说会使用木棒将小虫从树缝隙里引出来。

(22) 褐鸦属

仅有1种, 即褐鸦, 或者褐松鸦。它曾经是蓝鸦属下的一个种, 因羽色和行为不同而被分离出来。通体深褐色, 腹部浅棕色或者白色。杂食性, 吃昆虫和其他各种无脊椎动物, 也吃蜥蜴、鸟卵、幼雏及植物果实。分布于中美洲, 包括墨西哥、尼加拉瓜、哥斯达黎加和巴拿马西部。

(23) 蓝头鹊属

约有9种, 多数分布于中美洲和南美洲的密林灌丛之中。显然, 这个属的中文名称比较混乱, 有时候这一类或被说成是 "鸦", 或被说成是 "鹊", 但在国外却都被冠名 "松鸦" (Jays)。因此, 统译之为 "蓝头松鸦", 可能比较确切一些。然而, 有关这个属的资料, 却非常之少。普遍认为, 地球上最小的鸦科种类就在它们中间 —— 小蓝头鹊, 或被称为 "侏儒丛鸦" (Dwarf Jay), 体长约21厘米, 体重41克。

(24) 蓝头鸦属

明星蓝头鸦, 以拉帮结伙、家庭关系紧密、社会制度复杂、头脑聪明而著称。它是鸦科蓝头鸦属的一种, 也是该属唯一现存物种, 为墨西哥和美国特有种。蓝头鸦个头不大, 体重为95~110克, 体长26~29厘米, 翼展约46厘米。栖息地包括乡村林地、花园、疏灌丛、山林和低地干燥的灌丛。喜吃松子、橡子、浆果、谷物, 偶尔捕捉昆虫、蜥蜴、蛇、雏鸟和小型哺乳动物。虽然它们是杂食动物，但其最喜欢吃松子。它们成群结队地采食松球果，或将它们储藏起来备用。它们会模仿猛禽叫声，吓跑食物竞争者。有的时候，年轻个体会帮助父母喂养幼鸟，当雏鸟长大到可以离开巢时，它们会聚集在一个叫"托儿所"的群体里，茁壮成长。这种行为被称之为"合作繁育"和"延迟扩散"。

12.澳鸦组（澳大利亚与新西兰，大洋洲）

（25）冠鸦属

仅有1个单型种，即冠鸦，或称之为冠毛松鸦。具有夸张的凤冠，奇葩的长相，暗色的体羽，白色的脖领，形态和行为都独具特色。近日，有人根据其形态和DNA分子遗传多样性分析，将其独立为"冠鸦科"（Platylophidae），类似的情况还有钟鹊、垂耳鸦、白翅澳鸦等大洋洲的种类。它们若即若离，都想要自立门户，与传统的鸦科分道扬镳，但无论如何都还是在雀形目"鸦小目"的麾下。在文莱、印度尼西亚、马来西亚、缅甸和泰国都有冠鸦的分布记录。其自然栖息地为亚热带或热带湿润低地森林和山地森林。因为冠鸦受到栖息地丧失的威胁，已被国际组织列为"近危种"。

（26）垂耳鸦属

新西兰特有的鸦科鸟类，已知有垂耳鸦和鞍背鸦2种（或为2属）。关于这个属争议比较大，有人建议将二者纳入垂耳鸦科的垂耳鸦属和鞍背鸦属。大洋洲尽出产一些稀奇古怪的鸦类，垂耳鸦因其嘴基部有一对下垂的肉坠而得名，体长约38厘米。它们生活在茂密森林里，鸟喙结构的两性异形，使得雌雄在觅食方式上有着根本的不同。食物包括昆虫、蛹、蜘蛛和小浆果。因为原始森林被过度开发，这两种鸦的数量已经很少了，均被列为濒危物种。而令人痛心的是它们的同类，黄嘴垂耳鸦则在一百多年前就灭绝了。

（27）澳鸦属

只有1个种，即白翅澳鸦，亦叫白翅拟鸦、白翅山鸦。大小和外形似红嘴山鸦，体长44~50厘米。通体羽毛黑色，泛金属光泽。眼睛红色，初级飞羽有大片白色，平时并不露出来。喜欢群居，用泥巴筑巢，俗称"泥巢鸟"（mud-nesters），为澳大利亚特有种。澳鸦很狡诈，为了获得更多的"帮手"，竟然会干一些龌龊的事情，如拐走邻居家的青壮年，给自己当奴隶，专门打长工，负责当"保姆"育幼。澳鸦性情凶猛，不仅捕捉昆虫，还掠夺其他鸟类的蛋和幼雏，甚至像猛禽一样捕食鸠鸽类。近年，有人将其独立为澳鸦科，可能源于其古怪的行为。

（28）灰短嘴澳鸦属

只有1种，即灰短嘴澳鸦，俗名为"使徒鸦"（Apostlebirds），是澳洲内陆特有的一种社会性鸟类。喙短而粗壮，体羽污灰黑色，翅膀和尾巴黑色。一般十来只组成一个家庭群，在一对成年夫妻统领下觅食和游荡。繁殖季它们一起建筑泥巢、孵卵、防御和照顾幼鸦。如果家庭受损，人手不够时，它们会去绑架邻居的成员来充当"帮手"。平常它们会像松鸦一样，在林间寻找任何可以吃的东西，包括昆虫、老鼠、种子和果实等。近年，有人将其归入澳鸦科，这可能源于它们相似的社群行为，包括建筑独特的泥巢、雇佣保姆和四处游荡的习性等。

五、演化树与进化轨迹

鸦科的进化，是单向的还是多源的，一直没有定论。有人认为，乌鸦的祖先是来自于南亚岛链或者是大洋洲 — 澳大利亚乌鸦的一个分支，并从岛链传播到了世界各地。当然，这种观点完全是人们的粗浅认识，插入了许多假说 —— 人们的异想天开和一厢情愿。特别是最近一段时间来自大洋洲的明星"新喀鸦"，因为它能够制作复杂工具而一举夺冠，成了这些个理论（假说）强有力的一个佐证。

其实，我们对鸦科的进化轨迹还是知之甚少。通过分子遗传（DNA）多样性分析，找到了它们之间的亲缘关系。如鸦、鹊与松鸦，都有自己的演化分支，在美洲大陆与欧亚大陆之间形成各自不同的谱系（集团）。地鸦、须嘴鸦和星鸦，及非洲的灰丛鸦等四个类型（属）看上去关系近一些，但都有各自独立的支系，只有须嘴鸦与地鸦关系最为密切。当然，乌鸦包括渡鸦和寒鸦（可能是不同的属），为鸦科中进化最成功的支系。下面这棵树 —— 系统进化树 —— 它是最新的研究成果，可以直观地看出鸦科内各个属之间的大致关系。

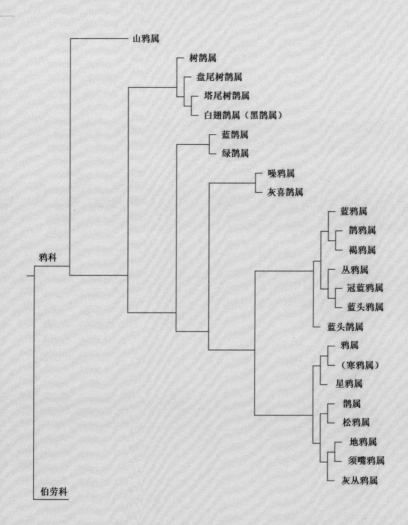

鸦科24个属之间的相互关系及系统进化树

　　近三四十年来,鸦科的分类及系统进化树都没有太大变化。尽管分子生物学异军突起,鸦科依然如故,从来不标新立异。当然,在我们熟悉的种类之中,还有几个疑点:一是神秘的灰喜鹊,它独当一面,与其他物种完全不搭界;二是青藏高原的拟地鸦,有人已把它剔出了鸦科,而归入了山雀科;三是南亚的冠鸦,它的"立场"不坚定,一直在鸦科、冠鸦科、丛鸦科或伯劳科四个科中间摇摇摆摆;四是新旧大陆鸦科鸟类差距太大,它们之间的关系一直是个谜团。

　　最后,鸦科与周边相近物种的亲缘关系需要澄清一下,如园丁鸟、卷尾、椋鸟、黑鹂、伯劳、钟鹊、鹩鸫、黄鹂、钩嘴鸡及天堂鸟等,这些都被认为是一群与鸦科密切相关的近缘"共同体",应该是亲戚,统归于雀形目下的鸦小目。它们有的叫"鸦",却不是鸦,如澳鸦科;有的叫"鹊",却也不是鹊,如钟鹊科;还有的像鸦,却都不隶属鸦科,如黑鹂和卷尾等。

第二章

乌鸦的智慧

王 琳　罗云超　李忠秋　马 鸣 \ 文

第二章　乌鸦的智慧

　　传说中上古时代的三足金乌与太阳互为化身，先秦时期的《山海经》和公元前的《伊索寓言》《旧约全书》已有了对乌鸦的记载，再到后来我们熟知的《枫桥夜泊》(唐·张继)、《天净沙·秋思》(元·马致远)以及19世纪埃德加·爱伦·坡的《乌鸦》都将乌鸦作为诗词的情感寄托。不知读者朋友们是否还想起了情侣守护神——喜鹊，它在每年七月初七为牛郎织女搭起的鹊桥。这些都是我们对鸦科鸟类最初的认知。

　　乌鸦的传说看起来很古老，但是关于鸦科鸟类的科学却更新得非常迅速。目前，每年都会有大量科学实验，证明乌鸦的智力是超群的，一些研究被学术期刊报道出来，甚至被拍摄成了电视纪录片。

新疆阿克苏的小嘴乌鸦正携带着
核桃飞向公路或者机场水泥跑道
（马　鸣　摄）

一、世界上最聪明的鸟

这一章我们将会带领大家进入鸦科鸟类认知的世界，不过在围观科学家的前沿工作之前，先让我们看一些脍炙人口的乌鸦小故事。

核桃是一种有着坚硬内果皮的坚果，我们有核桃夹子可以方便地剥开核桃壳，但是对于动物来说这可是个大问题。聪明的乌鸦知道怎么解决这个棘手的问题。新疆南部的喀什地区和阿克苏地区，在收获核桃的时候会留下树顶的果实，成群的乌鸦成了这些核桃的食客。它们会叼着核桃飞到很高的地方抛下，借重力把核桃壳摔碎，然后享用这美味的核桃仁。当地百姓还亲切地称核桃为乌鸦核桃。除了借助重力还有什么办法呢？日本仙台市的小嘴乌鸦还想出了更新奇的方式，它们把核桃丢在马路上，然后站在附近的电线杆上静静等待过往的车辆压碎核桃，不知道读者朋友是否能想出这样的妙招呢？

更厉害的还在后面，人们发现这些乌鸦似乎还会利用红绿灯，根据汽车的停止与移动，准确地压碎核桃还不会发生"交通事故"。仙台乌鸦作为反映鸦科鸟类智力的经典案例，还讲述了一个城市是如何诱导动物改变行为方式的故事。

除了利用自然规律，鸦科鸟类还是使用工具甚至是制造工具的专家。虫子对于鸟类来说是再好不过的美味，但是想吃到虫子可不是一件容易的事情。啄木鸟天生自带凿子一般坚硬的嘴，而且拥有一个可以伸缩的长舌头，鸦科鸟儿们却没有这样的优势。但是想吃到树洞里的虫子，它们也自有妙招。新喀鸦会找来尖端带小钩的木棍或是带锯齿的叶片，就像我们人类钓鱼一样把虫子从树洞里钩出来。

鸦科鸟类可能起源于大洋洲或澳洲大陆，它们沿着南亚岛链传播到世界各地。关于鸦科鸟类的"进化"有一个与《创世纪》中挪亚方舟有关的趣闻，传说"喜鹊是挪亚放出的第一只鸽子和渡鸦的杂交品种，这就是为什么喜鹊有黑白两色"。当然这只是传说，目前科学家已经从形态结构和分子遗传角度将鸦科鸟类的进化地位研究得非常清楚，最后我们也会介绍部分鸦科鸟类认知相关的大脑进化研究。

接下来我们就一起来看看科学家眼中聪明的鸦科鸟类。

二、关于鸦科鸟类认知的几个经典实验

在宗教与哲学诞生之日起，人类就开始思考人与动物的区别到底是什么。有人认为动物与人类一样有思维有情感，而有的人认为动物只不过是只能完成条件反射的"机器"罢了。数百年来，人们对于这个问题的答案始终争论不休。达尔文的观点无疑是具有特殊分量的，他在《人类的起源与性选择》（1871）中指出：人类与动物智力的差别之所以看起来如此之大，完全是逐渐进化的结果。在达尔文看来，人类与动物的思维差异主要体现在程度的差别而不是种类的差别。这种进化思想给比较认知学的发展以巨大的动力，动物行为学家们就此开始探索动物智力的进化规律。

一群乌鸦争夺虎头海雕的食物
（韩 笑 摄）

他们将动物看作是有智力的可以处理信息的生命体，去探究动物的学习能力、记忆能力以及解决问题的能力等等，并比较各种动物的认知能力差异，期望可以得到认知是如何进化的线索。

早期对于动物智力的研究主要集中在人类的"近亲"类人猿身上。这是由于灵长类位于系统发育"自然阶梯"的顶端，基于类人猿与人类的进化关系，它们赢得了行为学家们更多的关注。随着研究的深入，越来越多的证据证明灵长类动物并不是动物界唯一的高智商动物群体。行为学家们也发现了海豚、鬣狗、鹦鹉、鸦科和犬科动物具有高超智力的证据，但其中最引人注目的是大脑袋鸟类——鸦科鸟类的认知能力。行为学家们逐渐发现鸦科鸟类在许多智力测试中都有令人惊讶的表现，甚至可以与类人猿的表现媲美，它们在玩耍和觅食时会对见到的物体产生极大的好奇心，还能使用自己灵活的喙和爪子进行探索。它们的高超智力令行为学家们折服，也为它们赢得了"长着羽毛的猿猴（feathered apes）"这一称号。除此之外，科学家还至少发现了24种鸦科鸟类可以熟练地使用工具。"24"这个数字是引自2002年的文献，如果现在重新进行统计，这个记录一定会被刷新。使用工具的能力绝对是不容小觑的，要知道，在曾经的中小学课本中有过这样的定义：人是唯一会制造和使用工具的动物。现有的研究表明，鸦科鸟类不仅仅会熟练地使用工具，其中一些种类还可以制造工具。

上文中已经提到,动物行为学家们不仅仅想探索动物的智力极限,还想通过对大量物种认知能力进行衡量从而得到"认知是如何进化的"这个问题的答案。要想解决这个问题,研究人员必须使用相同的研究方法去测试不同动物的认知能力,毕竟同样实验条件及实验操作下得到的实验结果才具有可比性。因此,在比较认知学发展的过程中,出现了许多经典的研究范式:如镜面实验、拉绳取物、迂回范式等。这些研究范式就相当于动物们必须要参加的考试,既然是考试,那就会像每个班级一样有成绩优秀的学霸和调皮捣蛋的学渣,对于鸦科鸟类这个大班级来说当然也是如此。

1.照镜子:你是镜中的我

动物是否存在自我意识是一个难题,因为意识是一种内在的心理表征。说白了就是我们不是动物,并不能知道动物是怎么想的。因此,最好的解决方法就是通过行为观察去推测心理表征。镜子是我们日常生活中的必需品,我们通过镜子反射的镜像检查自己的仪表。当然我们使用镜子的前提是我们清楚地知道镜子中的"人"就是我们自己,这不仅说明我们明白光线反射的原理,还证明了我们对自我的识别。早在1970年盖洛普(Gallup)等人首次在黑猩猩中做了第一项镜面自我识别的测试。在这个测试中,有一个非常重要的环节叫作标记测试,研究人员会在动物不能直接看到而需要用镜子才能看到的身体部分(视线盲区)进行颜色标记,然后再观察动物在镜子面前的行为。就像我们在镜子中观察到自己脸上有污渍时，一定会尝试用手擦拭。那么动物在观察自己的镜像时是否也会尝试去擦拭这个"污渍"呢？

　　对于人类来说，刚出生几个月的婴儿并不明白镜中的"同伴"就是自己。直到一岁半左右，他们才会认得自己的镜像，也就是出现了所谓的镜面自我认知。根据目前的研究，能够通过镜面测试的动物并不多，其中大部分是高等哺乳动物如黑猩猩、大象和海豚。在这为数不多的"尖子生"中，鸦科鸟类占据了一席之地，其中之一就是大家熟识的喜鹊。2008年发表在《大众科学图书馆（生物卷）》（PLos Biology）的一项研究中，研究人员测试了5只喜鹊的镜面自我识别能力。他们在喜鹊的喉咙处贴上了彩色的超轻标签，随后让喜鹊在镜子前进行自由探索，最后发现5只喜鹊中有3只都试图将标签扯掉。看到这里可能会有人说，也许喜鹊是通过触觉感受到了标签的存在。为了排除触觉可能带来的影响，研究人员还做了对照实验，给喜鹊贴上标签后，将其置于一个没有镜子的空间，如果喜鹊通过触觉感受到了标签的存在，那它们应该也会出现扯掉标签或是努力用喙啄标签的行为。通过对比，研究人员发现只有镜子存在的时候，喜鹊才会出现啄标签或者是抓标签的行为。这个结果有力地证明了喜鹊拥有镜面自我识别的能力。喜鹊是第一种被证实存在镜像自我认知能力的鸟类，这个里程碑式的研究意味着镜像自我认知不再是高等哺乳动物的专利。

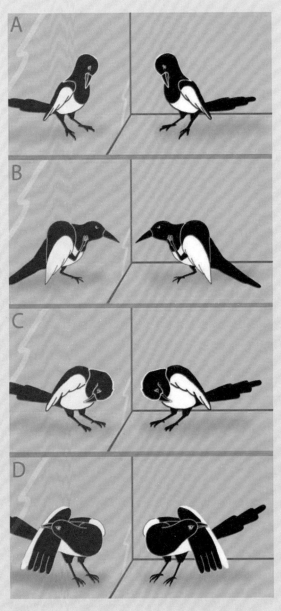

喜鹊在镜子前展现的行为（Prior et al, 2008)）

　　喜鹊的表现给研究其他鸦科鸟类的行为学家们注入了一针兴奋剂。在此之后，新喀鸦、大嘴乌鸦、寒鸦和灰喜鹊等多种鸦科鸟类都相继参与了镜面自我识别的测试，但它们大多都将镜子中的自己当作了同伴，有些出现了友好的社交行为，而有些则表现出攻击行为。直到2019年，研究人员才发现了另一种鸦科鸟类——家鸦通过镜面测试的证据。家鸦和喜鹊一样在镜子前出现了抓标签的行为，尽管如此，家鸦也没能撼动喜鹊在镜面自我识别领域的地位。毕竟，人们能够记住的往往是第一名。

2. 读心术：社交活动与察言观色

　　说到"读心术"一词，大家会想到什么呢？是能够洞悉别人思想的特异功能还是神奇的魔术表演？科学地讲，读心术属于行为心理学的范畴，是指通过人的行为表现和语言神态等来推测一个人内心的真实想法。2010年有一部叫作《读心专家》的电视剧，讲述的就是姚警探精于从微表情和细小的肢体语言中窥探疑凶的心理活动，从而识破谎言破案的故事。"读心术"的应用不仅仅存在于虚构的电视剧中，由于犯罪心理学的发展，它已经被用于真实的刑侦过程中，也就是我们听到的犯罪侧写。对于普通人而言，掌握一点点"读心术"能够让我们在各种社交过程中掌握主动权，从而避免不必要的麻烦。说了这么多，那"读心术"与鸦科鸟类有什么关联呢？

　　人类是群居动物，所以我们面临着各种社交压力，如果能通过一点点"读心术"掌握社交对象的真实想法，可以提高信息交互的效率。对于其他群居动物而言，辨别其他个体的心理状态并能够据此调整自身行为的能力有助于它们在群体中获得更多的食物或赢得交配的机会。大部分鸦科鸟类会储藏食物，其中免不了有一些"投机者"不想通过自己的劳动获得食物，而是偷取其他个体储藏的食物。北美星鸦和西丛鸦是储藏食物能力非常强的鸟类，它们在7天的时间间隔后还能准确找到零散分布于90个位点中的食物。此外，它们非常懂得如何避免自己的食物被同伴"盗取"。它们会根据周围同伴的行为判断其是否为潜在的"盗贼"，当潜在"盗贼"存在时，它们会倾向于将自己的食物藏在更加隐蔽的角落。一旦察觉到同伴可能会"盗取"自己的食物，西丛鸦甚至还会有选择性地检查或者移动自己储藏的食物。

除了能够读懂同伴的想法，一些鸦科鸟类甚至可以读懂人类的肢体语言。英国科学家奥古斯特（Auguste M.P. von Bayern）专注于鸟类认知的研究，她在这个领域发表了多篇具有相当影响力的论文，包括新喀鸦、寒鸦和非洲灰鹦鹉等。寒鸦的眼睛与其他鸦科鸟类的眼睛不同，它们深色的瞳孔周围是白色的虹膜。奥古斯特怀疑寒鸦独特的虹膜与视觉沟通有关，因此她设计了一个实验来验证自己的观点。在众多寒鸦中，有一只叫作杜丽的寒鸦与奥古斯特的关系比较亲密，它就是这项实验的主角。奥古斯特将两个相同的纸杯倒扣在桌面上，并在其中一个纸杯下悄悄藏了杜丽喜欢的大麦虫。并不知道食物藏在哪个纸杯下的杜丽当然不知道如何选择，这时奥古斯特一直看着装有昆虫的杯子，她想给杜丽提示。杜丽果然看懂了奥古斯特的眼部动作，选择了正确的纸杯。不光是寒鸦，秃鼻乌鸦和渡鸦也通过了类似的测试。不得不说，鸦科鸟类确实是察言观色的高手。在觅食和躲避天敌时，动物对同种或者异种动物身体语言的理解，可以帮助它们躲避天敌或者获得食物，从而提高它们的生存概率。

3. 灰喜鹊：乐于助人的"雷锋鹊"

在人类的观念中，乐于助人是一项朴实的传统美德，从小我们受到的教育就是要懂得乐于助人。毕竟每个人都会遇到困难的时候，大家互相帮助可以促成我们构成和谐友善的社会。那么我们信奉的这种传统美德在动物中也存在吗？动物之间也会互相帮助吗？在我们的常规观念中，老鼠总是被赋予贪婪自私的性格，但2011年的一项研究显示大鼠会解救被关起来的同伴，即使这样做并不会给自己带来任何奖励。那么鸦科鸟儿们是否也会互相帮助呢？

在鸟类繁殖的模式中，有一种合作繁殖的模式。这种模式本身并不稀奇，目前全世界已经发现有三百多种鸟表现出合作繁殖的行为。其中属于鸦科的红嘴蓝鹊、灰喜鹊、丛鸦等都是研究合作繁殖的经典物种。这其中的灰喜鹊是我们大家常见的鸟儿，无论是校园的草坪上还是在公园的树林中，都少不了它们的身影。在大多数鸟类中，通常是没有地位、没有地盘、没有繁殖条件的年轻个体会留在自己的族群中照顾弟弟妹妹。但在灰喜鹊的合作繁育中，不仅仅是年轻的个体会帮助父母照顾幼鸟，就连成年个体都会无条件帮助邻居哺育后代。这些成鸟的乐于助人并不仅仅体现在对一个家庭内部的帮助，如果自己"楼上邻居"家的雏鸟已经长大不再需要帮助了，那么它们会去帮助"楼下的邻居"。听起来是否像极了你家小区里热心的"孩子王"奶奶？

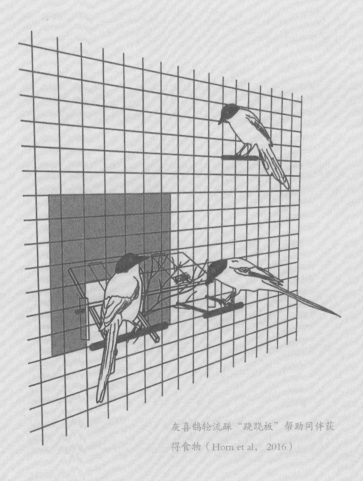

灰喜鹊轮流踩"跷跷板"帮助同伴获得食物（Horn et al，2016）

灰喜鹊不仅仅在野外会帮助"邻居们"照顾雏鸟，它们还乐意在实验室内帮助自己的同伴获得食物。乐于助人的优秀品质在动物中并不常见，之前的研究更多地发现了几种灵长类动物的利他行为。直到2016年，维也纳大学行为学实验室的研究人员设计了一个装置：他们在笼子壁上嵌入了一个类似于跷跷板的装置。"跷跷板"的一端在笼子外部，另一端在笼子内部。而食物被置于笼子外部的装置上，如想获得食物，必须有"志愿者"愿意踩笼子内部的压杆将"跷跷板"压下来；与此同时，"志愿者"是吃不到食物的。研究人员发现，灰喜鹊确实是非常乐于助人的鸟类，它们会主动站到"跷跷板"的内部杠杆，帮助自己的同伴获得食物。不仅仅是灰喜鹊，生活在北美洲的蓝头鸦也会给没有食物的同伴分享食物。当然在鸟类里面，也存在一些个体会"看人下菜碟"，寒鸦会在某些特定的情况下帮助同伴获得食物，不过这种行为的出现和同伴的行为及性别有关。

4. 皮亚杰：超强的空间认知能力测试

拉绳取物是现在常用的宝宝早教游戏，主要是训练宝宝用手抓、拉的动作以及手眼协调能力。其实拉绳取物最早的文献记载来自古罗马博物学家普林尼，他描述了金翅雀用绳子拖起了装有水的小桶的过程。随后拉绳取物作为一种训练宠物鸟的娱乐模式流传起来，并在19世纪出现在了世界各地。拉绳取物与其他研究认知的范式相比，具有更加悠久的历史和更广泛的传播。那么它是如何演变为一种测试动物认知能力的研究范式的呢？要谈这个演变过程，一定会提到的人就是皮亚杰。皮亚杰是近代最著名的儿童心理学家，一生留下了60多本专著，他的认知发展理论是发展心理学的典范。皮亚杰首先将拉绳取物应用于发展心理学的研究，随后动物行为学家将其演变为研究动物认知的范式。皮亚杰提出的许多用于儿童心理学研究的方法被用于比较认知学的研究中，如客体永久性。

　　2015年的一项研究显示，拉绳取物已经被用来测试了163种哺乳动物和鸟类，涉及的研究多达208个。拉绳取物的基本设计可以进行许多的变化，其中最基础的是两根平行绳，并在其中一根绳的末端系上食物奖励，进阶版则是将两根绳交叉。这种设计

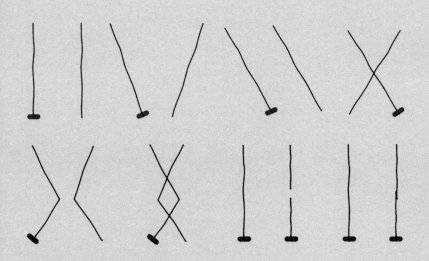

多种绳子的摆放模式（Jacobs et al，2015）

主要是测试动物是否理解两根绳子的空间关系。还有一种经典的测试是两根平行的绳子，其中一根是断绳，两根绳子的末端都系上食物奖励，用于测试动物是否能够理解绳子连通的必要性。交叉绳对于鸦科鸟类来说是个不小的挑战，能够顺利解决交叉绳问题的鸟类并不多，渡鸦是其中一个。许多鸦科鸟类在选择交叉的绳子时会出现试错，它们先拉动一根绳子，发现食物的位置并没有发生改变就转而去选择另外一根绳子。这种情况下，即使这些鸟儿吃到了食物奖励，也不能证明它们理解了两根绳子的空间关系。它们更多地是靠知觉反馈也就是"食物发生了移动"这一反馈信号进行选择的。但渡鸦在选择时并没有出现明显的试错行为，它们通过自己爪子和嘴巴的灵活配合，将绳子绕圈缩短绳子并得到奖赏。这充分证明了渡鸦对于两根绳子交叉关系的理解。

当一个小木块被放在桌子上，木块和桌子之间肯定是直接接触的。那么如果我们看到一个小木块悬浮于桌面之上，肯定会觉得奇怪。这是因为我们知道这种悬浮是不正常的，违背常理的。那么如果鸟儿看到类似这样的场面会有怎样的反应，它们也会感到疑惑么？研究人员用视频向松鸦展示了不正常的支撑关系，发现松鸦注视不正常的支撑关系的时间更长。这意味着松鸦和我们一样，看到异常的支撑关系也会感到疑惑。

5. 羽冠鸦：逻辑思维与推理达人

提到"推理达人"，大家脑海中可能想到的是夏洛克·福尔摩斯、名侦探柯南或是神探狄仁杰，他们在自己的故事中确实都是推理达人。推理能力其实并不是仅存于电影和小说中，它离我们的生活与学习并不遥远，推理主要包括了演绎推理、归纳推理和类比推理三种类型。我们从小到大的数学学习中，不断地锻炼和使用着这三种推理方式。推理能力在一定程度上相当于逻辑思维能力，是思维的一种高级形式。那鸦科鸟类真的会拥有这么高级的思维能力吗？

我们首先来探讨类比推理。类比推理是根据两个事物某些属性的相同或相似，推出它们另一属性也相同或相似的过程。简单来说类比推理是从特殊到特殊的过程，例如鱼之于水就像鸟之于空气，杂志之于编辑就像蔬菜之于农民。探究动物类比推理能力的方法是这样的：首先向动物展示两个红色的杯子作为示例，然后动物在测试时面临的选项A是两个黄色的杯子，选项B是一个绿色和一个蓝色的杯子。正确的做法应该是选择与示例有相同特点的A选项。所谓一个抽象的概念问题，这绝对算是一个难题了，它难住了许多聪明的动物，但是有两只羽冠乌鸦（羽冠鸦）不负众望完成了这个挑战。羽冠乌鸦是小嘴乌鸦和冠小嘴乌鸦杂交产生的可育后代。但是这个实验方法遭到了一些质疑，一些行为学家认为通过测试的动物也许并不能真正理解物品之间的共同属性，只是根据颜色或大小选择了最与示例相似的物品。因此研究人员正在策划更加合理、更加令人信服的实验，不知到时候这些聪明的鸦科鸟儿能否完成新的挑战。

　　传递性推理是另外一种使用较多的测试，它属于演绎推理的范畴。例如已知A>B且B>C，可以得出A>C的结论，这种涉及三个等级关系的问题被称为三项系列问题。三项系列是难不倒鸦科鸟类的，毕竟它们中的寒鸦、蓝头鸦等已经通过了五项系列问题的测试，甚至蓝头鸦、西丛鸦和北美星鸦通过了七项系列问题的测试。那么这个测试是如何进行的呢？毕竟鸟儿不能像我们一样读懂">"和"<"。以五项系列问题为例，A、B、C、D、E分别对应红黄青蓝紫五种颜色的纸杯。当红和黄两个颜色的纸杯同时出现时，红色的纸杯中会藏有食物，而当黄和青两个纸杯同时出现时，黄色纸杯中藏有食物。研究人员利用食物的强化让被测试的鸟儿理解不同颜色纸杯的优先级。在考试阶段，研究人员会将红色和蓝色两个纸杯同时摆放在鸟儿面前，测试它们是否根据"红>黄，黄>青，青>蓝，蓝>紫"的已知条件判断出"红>蓝"或者"黄>紫"。其实这样的测试不仅仅对鸟儿的传递性推理能力提出了很高的要求，还要求它们有比较强的记忆能力，毕竟我们在做这一道推理题的时候可以将已知条件一个个写在草稿本上，而鸟儿们在接受考试前只能将这些信息一直记在脑子里。其实这种能力对于社会组织较大的物种来说非常重要，就像蓝头鸦，它们必须利用自己的传递性推理能力推断出自己以及同伴们在整个社会群体中的地位。

6. 新喀鸦：验证"乌鸦喝水"不仅是寓言

乌鸦喝水是《伊索寓言》中的一个经典小故事，它讲的是一只乌鸦口渴了，但是它找到的水瓶里水太少，瓶口又小，瓶颈又长，乌鸦的嘴无论如何都够不到水面。这可怎么办呢？聪明的乌鸦就想到了将石头投进水瓶里，随着石子的增多，水瓶里的水也一点点上升。乌鸦凭借自己的努力终于喝到了水。这个故事告诉我们，在遇到问题时应该像故事里的乌鸦一样开动脑筋，抓住事物的本质就能找到解决问题的办法。那么现实中的鸦科鸟类是否真的可以像故事里的乌鸦一样抓住事物的本质，解决"乌鸦喝水"问题呢？

在实验室中，鸟儿面临的诱惑并不是甘甜可口的水，而是漂浮在水面的那条面包虫。研究人员在一个圆柱形的透明管中，放入少量的水，水面上漂浮着鸟儿爱吃的面包虫。秃鼻乌鸦不仅学会了将石头扔进管子使水面上升，而且在选择石头时还会倾向于选择大石头从而提高自己的效率以便更快地获得食物。

还有一种不得不提的鸦科鸟类——新喀鸦，新喀鸦在实验室中接受了比秃鼻乌鸦更艰巨的挑战。在面对一个装有水的管子和一个装有沙子的管子时，新喀鸦将石头扔进了装有水的管子中，因为它知道石头可以让水面上升，而不能让沙子上升。在面对一个高水位的管子和一个低水位的管子时，新喀鸦选择将石头扔进了高水位的管子，因为它明白选择高水位的管子投入石头可以让自己更快地吃到水面上的面包虫。前两个小测试中新喀鸦都是在选择可以高效获得食物的管子，那么它能否选出可以使水面高效上升的"石头"呢？新喀鸦面对外表看起来差不多的石块和泡沫块时，它毫不犹豫地将泡沫块丢到一边，选择了可以在水中下沉的石块。其实这项研究重点关注动物是否理解因果关系，新喀鸦的优秀表现可以和5~7岁的儿童媲美。研究人员曾经用同样的实验分别测试了5岁、6岁和7岁的儿童，5岁的儿童不了解浮力的原理，将所有的石块都扔进了管子，而6岁的儿童尝试用

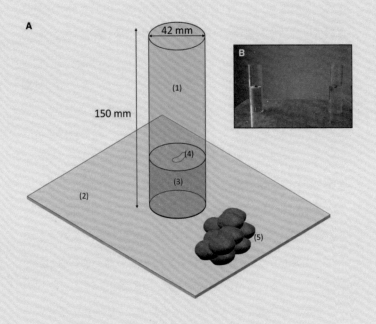

"乌鸦喝水"实验装置，涉及一些物理法则，如水位、固体、液体、密度、浮力、尺寸、粗细、高低、U形、轻和重（比重）、实心与空心等（Bird et al, 2009）

试验解决问题,发现了下沉的石块可以使水面上升。由于7岁的儿童已经完全理解了浮力的概念,只投入了较重的石块。松鸦也可以与小朋友一较高下,它解决问题的方法与那个6岁儿童类似。松鸦先是向管子中投入了一颗能下沉的石子,随后又投入了一个漂浮的软木塞。松鸦似乎发现了下沉的石子才能帮助自己拿到水面的食物,在接下来的选择中,它学会了只使用可以下沉的石头。

"乌鸦喝水"的研究不仅证明了鸟儿对于因果关系的理解,还说明了它们有很强的学习能力。在野外,动物们也会通过诸如此类的试验,学习生存技能。随着我们对于动物智力了解的一步步深入,也许会使越来越多的寓言故事变为现实。

7. 短嘴鸦:挑战人脸识别术

"人脸识别"一词我们并不陌生,在我们的观念中它是一种基于人的脸部特征信息进行身份识别的生物识别技术。其实我们自身总会面临"人脸识别"的挑战,每当认识一个新朋友,我们都要努力将他的面部特征记在脑子里,这样才能避免下次见面人家和你打招呼,你却摸不着头脑的尴尬。除了对同类进行识别,我们偶尔也需要对其他动物进行个体识别。我想学习动物行为学相关专业的同仁可能能够理解我为什么这么说。在野外进行数据采集时,我们面对的动物群体可能会非常大,如何能够分辨出群体中的每一只藏羚羊或者每一只金丝猴,其实是非常难的事情。那么鸦科鸟类的生活中是否也面临着类似的苦恼呢?

　　其实在我看来，鸦科鸟类尤其是鸦属的鸟类，它们在识别同伴的时候可能就遇到了不小的挑战，毕竟自己的同伴都是全身黑黢黢的大块头，看上去都长得差不多。不过一些研究倒是证明了这些鸦科鸟儿并不是仅仅通过"看脸"去识别同伴的，对于它们来说，同伴的叫声是非常有效的识别线索。除此之外，随着城市化进程的加速，在城市中生存的鸟儿仅仅学会识别自己的同类是不够的。它们要与人类共同相处，能够识别人脸也是非常重要的能力，它们必须学会区分谁是好人谁是坏人，才能在城市中立足。华盛顿大学的马兹洛夫（John M. Marzluff）教授花了十几年的时间研究鸦科鸟类是如何运用智慧在城市中立足的。他认为恐惧也许是推动鸦科鸟类成功的重要因素。由于研究的需要，马兹洛夫教授会在校园中采用无伤害性的网捕捉短嘴鸦，而每次捕捉短嘴鸦时总会带着一个面具。短嘴鸦会记住捕捉过它们的人，以防再次落入陷阱。后来，只要马兹洛夫教授戴着面具出现在校园里，学校的短嘴鸦就会躁动起来，它们在校园的天空中盘旋着大叫，似乎意识到了危险的临近。令人惊讶的是马兹洛夫教授在过去的几年中只抓过为数不多的几只乌鸦，而他带来的威胁却很快在整个乌鸦群中传播开来。这意味着被捕捉的短嘴鸦不仅自己记住了教授的"脸"，还将这个威胁信号传达给了自己的同类。它们的社会性使它们在生存中避免了许多潜在的危险。

渡鸦也拥有类似的能力。研究人员训练渡鸦,使它们学会与研究人员交换食物。与渡鸦交换食物的人有三名,一名是用高质量的食物与渡鸦交换,一名是用低质量的食物与渡鸦交换,而另一名是用相同的食物与渡鸦交换。经过一段时间的训练后,渡鸦记住了哪一位是"不公平"的研究人员。当三名实验人员同时出现时,渡鸦可以认出那位"不公平"的交换人员并避免跟他进行互动。看了这些鸦科鸟儿的表现,相信许多"脸盲症患者"都会自愧不如吧。

8. 亚洲象:"契约精神"与合作共赢

这里推出亚洲象与乌鸦打擂台,秃鼻乌鸦、新喀鸦、渡鸦轮番亮相,都败下阵来。下一位上场,该轮到谁了,我们拭目以待。

在社会生活中,谁都不可能是脱离群体而单独存在的,因为个体的力量终究是有限的。我们与他人合作,取长补短,才能更好地解决问题,实现共赢。那么对于群居的动物来说,它们有没有合作的意识呢?说到这个问题,大家可能首先想到的是共生的生物,如海葵和小丑鱼,带毒刺的海葵保护小丑鱼,而小丑鱼为海葵除去泥土、杂物和寄生虫,有时候还可以为海葵带来食物。这样的合作共赢更多的是大自然的选择,而我们在这里要讨论的"合作"是指两个同种个体是否可以为同一个目标而共同努力。目前,在合作实验中表现比较好的是亚洲象。2011年一项发表在《美国科学院院报》(PNAS)上的研究证明了亚洲象的合作能力。在实验中,当一对大象同时拉动一个绳索的两端时,摆满玉米的桌子才会移动到它们鼻子可触及的范围。但是,如果只有一只大象拉动绳索，那绳索会从桌子上掉下来，大象什么都得不到。最能说明问题的一点是，如果大象发现它的同伴接触不到绳子，它们自己也不会去拉动绳索。这证明了大象明白，在合作中同伴的存在和行为起到了关键的作用。"合作"与前面讲过的"乐于助人"是不同的，"乐于助人"更多地是指利他行为，而在一次合作中，参与合作的双方追求的是共同的利益。

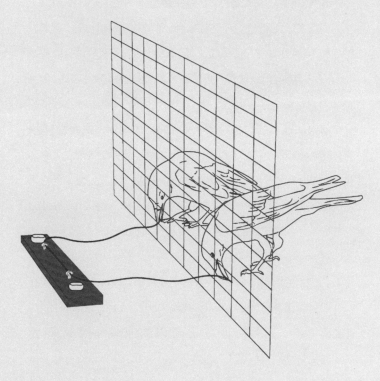

渡鸦合作拉绳（Massen et al，2015）

　　那么鸦科鸟类会像亚洲象一样有那么优秀的表现吗？在目前的研究中，秃鼻乌鸦可以像大象一样共同解决协作性的拉绳任务，但是在延迟测试中，它们并不能理解同伴存在的必要性，总是在同伴到达之前就自己拉动了绳子。这说明了秃鼻乌鸦只能靠运气完成合作任务，实际上它们是没有合作的意识。即使是高智商鸦科届的"扛把子"新喀鸦都没能通过合作任务的考验，它们的表现与秃鼻乌鸦如出一辙。渡鸦倒是学会了在合作中等待同伴，但是它们等待同伴的原因究竟是意识到了同伴存在的必要性，还是仅仅在等待另一端的绳子被"某种神秘力量"拉紧还有待考证。此外，渡鸦在合作同伴的选择上还十分挑剔，它们更加倾向于选择关系更密切的同伴进行合作，可能是担心陌生的同伴没有"契约精神"吧。

　　这么看来，与高等哺乳动物亚洲象相比，鸦科鸟类在"合作共赢"方面的表现还是差了一些。不过鸦科鸟类中有这么多选手，也许未来会有哪一种给我们带来惊喜。前路漫漫，乌鸦仍需加油！

9. 忍耐力：自我控制与延迟满足

延迟满足是指一种甘愿为了更有价值的长远结果而放弃即时满足的抉择取向。延迟满足充分展示了一个人的自我控制能力，它是一种克服当前的困难情景而力求获得长远利益的能力。当我们为了减肥而控制饮食时，总会在心里告诉自己：一定要忍耐这一个月，一个月后我就可以吃炸鸡吃火锅。这个过程中，我们为了更长远的目标——可以在瘦下来之后肆无忌惮地吃，而放弃了眼前的美食。但实际上，我们总是挣扎在一次又一次因减肥而控制饮食的过程中，一次又一次没能忍过饥饿的痛苦和美食的诱惑。这说明，延迟满足对于我们人类来说并不是一个非常容易做到的事情。

20世纪70年代，研究人员在美国斯坦福大学的附属幼儿园中策划了著名的"延迟满足"实验，实验人员给每个4岁的孩子一颗好吃的软糖，并告诉他们：如果马上吃掉的话，只能吃到这一颗软糖；如果愿意等待20分钟，可以在20分钟后再得到一颗软糖。然后研究人员离开，只留下小朋友和一颗对孩子来说极具诱惑的软糖。研究人员透过单面镜观察了这些孩子的反应：有的孩子等了一小会就不耐烦了，很快就吃掉了软糖；而有的孩子耐心地等待，同时还会想出各种方法转移自己的注意力，例如闭上眼睛不看那颗软糖。耐心等待的孩子为了长远的目标——两颗软糖，而放弃了即时得到的那一颗软糖，证明了部分孩子拥有较强的自我控制能力。对于人类来说都很难完成的挑战，动物能够完成吗？动物也拥有自控能力吗？

基于这项对于儿童延迟满足的实验,动物行为学家们设计了类似的实验去测试鸦科鸟类的自我控制能力。首先接受测试的是渡鸦和小嘴乌鸦。研究人员为被测试的鸟儿提供多种食物,如葡萄、肉、面包、香肠等,随后研究人员教会了它们用代币交换食物。在接下来的测试中,研究人员会先给被测试的鸟儿提供一个葡萄,如果它们可以在一定时间内不吃掉葡萄,那么它们就可以得到更多的葡萄或者是一块肉。实验结果是这些鸟儿更愿意为了高质量的食物等待而不是更多数量的食物,如果等待的结果仅仅是用一颗葡萄换了三颗葡萄,它们就不愿意等下去了。被测试的鸟儿大部分都可以为了得到更加爱吃的食物忍耐五分钟以上,部分小嘴乌鸦甚至可以忍耐十分钟以上。据研究人员描述,这些鸟儿也会像被测试的儿童一样为了使自己忍下去而试图转移自己的注意力,它们会将食物放在地上或者藏到不容易看到的地方。其实鸟儿在参与这项研究时,会比人类或者其他灵长类动物面临更大的挑战,因为它们在等待交换的过程中,许多个体会用嘴衔着用于交换的食物,也就是更加靠近味蕾的地方。试想一下,如果让你用嘴巴衔着一根鸡腿,而五分钟内不能吃掉它,你能忍住么?

据我所知,还有一种鸟具有很强的延迟满足能力,尽管它不是鸦科鸟类,但我还是想将这个故事分享出来,让大家更加了解鸟儿的厉害之处。在夏威夷一家酒店的庭院里,住着一只夜鹭,这里的员工叫它汉克。对于汉克来说,在这里的生活非常安逸。游客会赠予它和同样在这里生活的黑天鹅各种各样的食物,但是汉克总是竞争不过那些体型较大的黑天鹅。当汉克终于争到一块面包时,它做出了非常令人惊讶的举动。它并没有马上将这一块面包吃掉，而是将这一块面包放进了旁边的池塘中，然后默默等待。不一会儿，这一块小小的面包就吸引了不少的小鱼，汉克瞅准机会捉住了一条小鱼。汉克的自我控制能力令人惊讶，他用一块面包换来了美味的小鱼。也许在自我控制方面，我们应该向这些动物学习，最起码对减肥是十分有帮助的。

10. 西丛鸦：认知活动中的"自知之明"

常言道：人贵有自知之明。老子也曾说过：知人者智也，自知者明也。认清自己，对自己的能力有清楚地了解，既不能把自己看得太高，也不能将自己看得太低。只有做到了这一点才能够找准自己的定位，确定自己要努力的方向。动物是否拥有自知之明呢？在一项对于金丝雀的研究中，研究人员剪掉了雌性金丝雀的飞羽，随后发现雌性金丝雀在选择配偶时降低了自己的标准。这种改变可能是因为鸟儿对自身的飞行质量进行了重新评估，发现自己配不上"高富帅"了，所以降低了择偶标准。最初读到这项研究时，我觉得十分有趣，原来鸟儿也会"每日三省吾身"，也会有自知之明。那么在鸦科鸟类中也存在这种现象吗？

在大嘴乌鸦的研究中，研究人员想探究这些参与测试的鸟儿是否会根据自己的记忆强度灵活地调整自己的行为。结果他们发现当被测试的大嘴乌鸦记忆出现错误时，它们会更加频繁地逃避测试。也就是说，大嘴乌鸦觉得自己可能会"挂科"，所以就产生了弃考的想法。尽管在现实中，我们不鼓励这种现象的存在，但这确实说明了大嘴乌鸦有"自知之明"。在心理学上，"自知之明"被称为元认知。例如，学生在学习的过程中一方面进行着记忆、感知等各种认知活动，另一方面又要对自己的认知活动进行积极地监控和调节。再比如，当我们玩不好某些游戏时，我们会意识到自己的不足，然后寻找相应的策略进行弥补。对认知活动的自我调节就是元认知。2015年英国剑桥大学发表了一项西丛鸦元认知相关的研究。五只参与测试的西丛鸦观察两名实验人员藏食物的过程，第一个实验人员前面一字排开四个杯子，他可以将食物放到任何一个杯子里；第二个实验人员面前也是一字排开的四个杯子，但是其中的三个杯子盖着盖子，所以他只能将食物放进没有盖子的一个杯子里。两名实验人员藏食物的过程是同时进行的，因此参与测试的西丛鸦必须选择要盯住哪一个实验人员。如果西丛鸦存在元认知，它们就应该意识到，第二个实验人员肯定会将食物藏进唯一敞口的杯子里，而第一个实验人员的选择却是未知的。所以它应该紧盯第一位实验人员的操作。研究人员对西丛鸦观察两名实验人员的时长进行对比后发现，它们果然观察第一位实验人员的时间更长。这意味着西丛鸦明白哪一部分是自己的"知识盲区"，然后它们将更多的学习时间分配给了自己不熟悉的"知识点"。这个实验可以说是简单有效地证明了鸦科鸟类拥有元认知能力，研究人员对实验的巧妙设计令人佩服。

11. 脑图像：鸦的思维很活跃

鸦科鸟类的认知研究不仅仅局限于野外的行为观察和实验室内的范式道具操作研究，还有从神经生理学角度进行的科学实验。

例如2020年《脑行为研究》报道了一个应用氟脱氧葡萄糖—正电子发射断层扫描（FDG-PET）研究乌鸦脑区活跃情况的案例。这项技术测量经过标记的葡萄糖吸收量，作为大脑活动的替代指标；而PET本身是一种尖端医学影像诊断设备，可以在细胞分子水平上进行生物体功能代谢显像。为什么要给乌鸦做PET呢？是因为科学家想了解乌鸦在情绪变化与社会认知的过程中激发了哪些脑区的活动。有些鸦科鸟类（短嘴鸦、松鸦、渡鸦）像哺乳动物一样对死去的同种个体会有强烈的反应，有些种类会发出警报、躲避危险区域，但有些种类却会召集附近个体集体对死亡个体进行探索或攻击。该研究团队针对这一现象，利用PET技术研究短嘴鸦看到死去的短嘴鸦、死去的麻雀，或是听到其他鸟类看到死亡乌鸦的报警叫声、陌生乌鸦的乞食叫声时，海马体、尾状核、纹状体、杏仁核和中隔等脑区的活跃情况。实验结果有些令人意外，当短嘴鸦看到死亡同类个体时，脑部与社会行为或恐惧相关的区域并没有出现反应，反而负责行为决策的区域（NCL）表现较为活跃。但是鉴于乌鸦可以做到同类个体间的"鸦脸识别"，研究人员认为，这可能是因为死亡同类个体并不是实验对象认识的乌鸦所导致的。这个实验明确告诉我们，当乌鸦看到同类个体死亡时，肯定会产生思考，虽然我们目前并不能知道它们具体在想什么，但是这为动物存在意识提供了更多的证据。

　　FDG-PET扫描技术在鸦科鸟类大脑研究中的应用并不是首次出现，2012年的《美国科学院院报》（PNAS）报道了该技术在乌鸦人脸识别神经基础的应用，展示出乌鸦脑中不同情绪相关脑区的活跃情况。当乌鸦看到捕捉者的面具时就会激活与恐惧有关联的区域，而看到饲养人员的面具则会激活与联想学习、动机和饥饿有关的区域。除了脑区显像外，科学家还可以针对鸦科大脑的单一神经细胞进行监测，2016年《神经科学杂志》（The Journal of Neuroscience）中的一项研究让乌鸦完成数字匹配任务，并监测了其端脑NCL区域的单个神经元活动。结果发现乌鸦大脑对数字的反应与灵长类非常类似，这意味着鸦科鸟类可能与哺乳动物有着类似的数字解释机制。

　　随着日新月异的生物学技术提升，越来越多的实验方法与技术手段应用于鸦科鸟类认知研究，这将为我们从神经生理学层面了解聪明的乌鸦提供更多新的视角。

三、鸦科中的耀眼明星

前面我们已经领略了鸦科鸟儿们的聪明才智,包括"四大天王"——新喀鸦、灰喜鹊、西丛鸦、羽冠乌鸦——介绍了它们在实验室和野外的一些小故事。在这一部分,我们将对新喀鸦和灰喜鹊两种鸦科鸟类进行特别的介绍。新喀鸦是目前鸦科鸟类研究中最具"流量"的物种,被当作世界上最聪明的鸦科鸟类之一;而灰喜鹊是东亚特有物种,我国对于动物认知的研究刚刚起步,目前在国内研究最多的鸦科物种就是灰喜鹊。

优秀的使用工具者 —— 新喀鸦

新喀鸦是鸦科鸦属的一种,全身羽毛黑色,杂食性,是新喀里多尼亚的特有种。细心的读者可能已经发现了,在上一部分中,我们并没有讲太多关于鸦科鸟类使用工具的故事。这是因为想把这一强大的技能介绍留给新喀鸦,它们是非常优秀的会使用工具的鸟类,它们甚至还可以制造工具。

最早对于新喀鸦使用工具的研究是在野外进行的。生活在野外的新喀鸦喜欢吃藏在树洞里的虫子,但是它们的嘴又不像啄木鸟一样坚硬有力,不能直接将树干啄开。聪明的新喀鸦并没有因此放弃,它们会挑选一根长度合适的硬树枝,裁减掉树枝上多余的枝叶,并用合适的力度将树枝头部弯一个钩子。接着它们会将这个钩子伸进树洞,旋转钩子,找到合适的角度将美味的虫子钩出来。对于新喀鸦这个能工巧匠来说,树枝并不是唯一制造工

具的材料。露兜树的叶片是有锯齿的,在新喀鸦看来,这是非常
好用的材料。它们会将叶片撕成长条状,利用长叶片深入树干的
缝隙或者是小树洞,将肥肥的虫子钓出来。更有趣的是,新喀鸦
不仅仅能够制造高效的工具,还非常注重对于工具的保管,它们
会找一个干净的树洞将自己制造的钩子藏在里面,以便下次继续
使用。

新喀鸦及其制作的工具(引自 allaboutbirds.org)

　　在野外生存的新喀鸦每天面临各种生存的考验,自然练就了
一身的本领。那么实验室的新喀鸦从小被"娇生惯养",也能经得
起这样的挑战吗?我想许多的动物行为研究人员和鸟类爱好者
可能都听说过新喀鸦贝蒂的大名。贝蒂是一只被研究人员收养
的鸟儿,生活在圈养环境中的贝蒂并没有丧失自己的野外生存技

能。研究人员在一个透明管里放了一个藏着食物的小桶，并给贝蒂提供了很多笔直的长条状铁丝。贝蒂将铁丝弯曲成了"铁钩"，然后用它钩起了放在管子里的小桶，获得了食物。不过制造钩子状的工具毕竟是新喀鸦的老本行，它们在实验室也可以制作类似的工具听起来似乎也不足为奇了。那么，如果我们教会它们使用一种新的工具，它能学会制作这个新工具吗？为此，研究人员为新喀鸦设计了一个新的游戏。首先训练新喀鸦学习使用一款自制的"自动售货机"，只有选择合适大小的"纸币"（纸片）丢进"售货机"才可以买到好吃的零食。等它们熟练使用后，不再提供现成的"纸币"，而是给它们提供一张大的完整的纸张测试它们是否可以将大纸片撕成合适大小的小纸片。结果发现有四分之三的新

贝蒂利用自己制作的钩子钩起小桶（Weir et al, 2002）

喀鸦学会了制作"假钞"用来给自己购买零食。因为大纸片的面积是一定的,它们为了获得更多的零食,在自制"纸币"的过程中倾向于撕出略小于标准大小的"假钞"。读到这一项研究,我不禁感叹新喀鸦的聪明才智,也惊讶于研究人员的巧妙构思。

　　前面讲述的都是新喀鸦在使用工具和制作工具方面的优秀表现,它们在逻辑推理方面也有精彩的表现。第二部分中,我们已经领略了新喀鸦在"乌鸦喝水"实验中的风采,在此不再赘述。目前挑战过"乌鸦喝水"项目的鸟类中,它是表现最优秀的选手之一。来自奥克兰大学的Alex H. Taylor教授长期以来致力于新喀鸦认知能力的研究,上述新喀鸦可以在自助售货机买零食的研究就来自他们实验室。他曾经设计过一项实验,包含8个步骤:第一步,新喀鸦需要将短木棍从绳子上取下来;第二到第四步,新喀鸦需要用短木棍当作工具取出三个盒子中的石头;第五到第七步,它们需要将前面获得的三块石头扔进一根管子中,由于重力的作用,三个石头可以触发管子底部的机关,这样新喀鸦就获得了新的工具——长木棍;最后新喀鸦可以利用长木棍取出放在盒子中的食物。这样复杂的多步骤推理挑战新喀鸦竟然也可以轻松完成。除此之外,Taylor教授还发现了新喀鸦能够通过陷阱管实验。陷阱管实验是指将食物放在一根管子中间,再给新喀鸦提供一根长木棍,它们可以利用木棍将食物捅出。但是管子并不是一根普通的管子,在管子的两侧设置了陷阱,一个是真正的陷阱,一个是假的陷阱。新喀鸦必须观察这两个陷阱,并找出食物运输的合理线路。一旦食物在移动的过程中掉进了陷阱里,它们就得不到食物了。被测试的新喀鸦经过短暂的练习后就摸清了其中的规律。

这一部分的故事证明了新喀鸦在规则学习和逻辑推理方面的优秀表现。

新喀鸦作为动物行为学家们重点关注的鸦科鸟类，参与的测试非常多。它们并非是十全十美的天才，因此也并不是在所有的认知方面都是第一名。在喜鹊通过镜面测试后，研究人员对于新喀鸦在镜面测试中的表现充满了期待，但是研究发现新喀鸦并不能识别自己的镜像。对于新喀鸦这样一个使用工具的小天才来说，尽管它们没能认出镜子中的自己，却学会了使用镜子定位食物。在合作任务中，新喀鸦的表现并不是很好，它们运用自身的能力解决了任务，获得了食物，但却并没有表现出对合作的理解。它们不能像大象一样，理解同伴在合作任务中的重要性。对于新喀鸦认知能力的研究还有许多，并不能一一通关。目前行为学家对于新喀鸦的研究并未止步，而是在使用更加先进的技术、有趣的范式对它们的智力极限进行探索。我们可以一起期待这种聪明的鸟儿未来在其他测试中的出色表现。

极具团体意识的灰喜鹊

尽管灰喜鹊与喜鹊在名字上只是一字之差，但它们只是都属于鸦科，并不是同一个属，灰喜鹊归灰喜鹊属，而喜鹊是鹊属。灰喜鹊是东亚特有种，在我国主要分布于北方地区，无论是农田还是公园，乡村还是城市，都可以看到它们成群结队的身影。在上文中，我们已经提到了灰喜鹊的合作繁育模式，以及它们在实验室中表现出"乐于助人"的品质。灰喜鹊绝对称得上是最具有团体意识的鸟类，如果你在繁殖季走进灰喜鹊筑巢的树林中，整个树林的灰喜鹊都会发出警报，如果你试图靠近鸟巢，一定会被成群结队的灰喜鹊攻击。在南京大学的校园里分布着许多灰喜鹊，还有许多潜在的捕食者——流浪猫。在校园中，灰喜鹊的主要敌人就是这些外表可爱实则凶猛的猫科动物。我们研究组的同学们不止一次观察到灰喜鹊成群结队地攻击有威胁的流浪猫，甚至很多时候要将流浪猫赶出自己的地盘近百米才肯罢休。如果在公园或者树林边听到连续又短促的"嘎嘎嘎"叫声，那一定是灰喜鹊又在集体驱赶或者警戒敌人了。

尽管灰喜鹊看起来凶巴巴的，但是它们却是防治松毛虫的功臣。松毛虫是我国主要的林业害虫，危害极大，但对于灰喜鹊来说松毛虫却是美食。在20世纪七八十年代，山东、安徽等地都深受松毛虫所害。当时的林业工作者尝试驯养灰喜鹊，并将它们带到不同的地方消灭松毛虫，或是直接从别的地区引入大批灰喜鹊，直接放飞到松毛虫的重灾区。以鸟治虫，既有利于生态平衡，又避免了环境被化学农药污染。在松毛虫防治工作中，灰喜鹊功不可没。

尽管灰喜鹊在繁殖季时表现出了令人佩服的合作能力，但是它们的筑巢能力实在算不上高明。它们的巢比较简单，呈浅盘状，主要由细的枯树枝堆集而成。因此每年的繁殖季遇到刮风下雨幼崽就很容易掉下来。也是因为这个原因，我们实验室才有机会收养了许多在繁殖季从巢中掉下来的雏鸟。亲鸟如果发现雏鸟掉落，会一直徘徊在雏鸟的周围保护，由于此时雏鸟已经体型较大但是还完全没有飞行能力，几乎不可能重新回到爸爸妈妈身边。即使亲鸟在周围保护，这些雏鸟的成活可能性也变得很小，一是由于雏鸟可能会摔伤，二是校园里的流浪猫总会对它们虎视眈眈。在我们实验室救助站生活过的灰喜鹊有20余只，最开始收养时大都年龄很小，需要悉心照料。长时间的喂养使这些来自野外的小鸟与实验室的小伙伴们逐渐熟悉起来。其中有一些个体非常聪明，甚至学会了开笼门，时不时就"越狱"去找其他小灰玩耍。因此，我们萌生了测试灰喜鹊智力水平的想法。

最早进行的测试是拉绳取物，我们选用了6只灰喜鹊。在实验的设计上，使用了平行绳、交叉绳和断绳等比较经典的测试。灰喜鹊的表现也并没有让我们失望，经过非常短暂的训练，它们就通过了平行绳的测试。不过，像其他大部分的鸦科鸟类一样，它们也没有通过交叉绳的测试，但是它们在断绳实验中表现得非常好。这些结果说明了灰喜鹊可以理解简单的空间结构，但是面对复杂的测试时，它们就摸不着头脑了，只能依据"就近原则"看哪个绳头离食物更近就去选哪个绳子。在整个实验过程中，灰喜鹊还表现出了较强的学习能力，尤其是一只叫作"小五"的灰喜鹊，它在后半部分的实验中正确率有了很大地提高。毕竟"小五"就是在实验室中"越狱"次数最多的小家伙，那它的学习能力比较强也就不足为怪了。

　　灰喜鹊参与的第二项测试任务是镜面自我认知测试，毕竟喜鹊通过了镜面测试，所以我们对灰喜鹊的表现还是有所期待的。灰喜鹊的领地意识很强，如果陌生个体入侵自己的地盘，它们会变得十分暴躁，并将陌生的个体驱逐。因此它们将自己的镜像当作陌生的同类时，会在镜子前展示出许多攻击行为。同时，也发

灰喜鹊面对平行绳任务（Wang et al，2019）

生了许多有趣的小故事。这一次故事的主角是一只叫作"傲娇"的灰喜鹊。某天上午"傲娇"来到了镜子面前，只见它静静地盯着镜子，明知这一战不可避免却也不敢轻举妄动。观察了敌情许久的"傲娇"最终还是选择了主动出击，它一下跳到镜子跟前，一会用嘴猛啄"敌人"的脚，一会用爪子挠着"敌人"的翅膀，一会又拍打着自己的翅膀显示自己的强壮。"敌人"当然也不甘示弱，这样来来回回数十个回合，也没有分出胜负。而"傲娇"看起来已经累了，回到了自己的栖木上休息，无心恋战。我们正猜测是不是还会有第二局的较量，突然发现"傲娇"衔起了它最喜欢的玩具球，跳到镜子前，"啪"的一声扔给了镜子里的"敌人"，仿佛在主动求和。"傲娇"当然也得到了同样的回馈。我们还设计了一个小实验测试灰喜鹊是否能够明白镜子的成像原理：将虫子藏到灰喜鹊身后的位置，它们只能通过镜子看到食物的存在，并不能直接看到食物。然后观察这些鸟儿接下来的行为。观察发现，灰喜鹊并不能理解镜子成像的原理，它们的反应主要是绕到镜子后面去寻找食物。虽然灰喜鹊在整个镜面实验中表现不佳，但是这个过程中，我们观察到许多有趣的行为，也对它们有了更加深刻的了解。

目前我们课题组对于灰喜鹊认知能力的研究还在进行中。除了使用一些经典的研究范式测试灰喜鹊的认知能力，并与其他物种进行比较研究，我们还将努力设计出更加有趣的合理的实验，看看灰喜鹊能不能与认知达人新喀鸦一决高下。

四、鸦科鸟类为什么那么聪明？

看了这么多展示鸦科鸟类高超智商的小故事，大家一定好奇鸦科鸟类究竟为什么拥有可以与类人猿一决高下的智力水平呢？科学家们为了回答这个问题进行了各式各样的研究。目前主要有三个方面的原因来解释鸦科鸟类的认知能力。

第一个方面是相对脑体积较大且神经元密度较高。如果直接测量动物的脑体积，那么得到的数据是它的实际脑体积大小，也被称作绝对脑体积。而相对脑体积是指绝对脑体积与体重的比值。毕竟鸦科鸟类的体型较小，若直接将它们的绝对脑体积与其他大型动物进行比较，实在有失偏颇。科学家发现鸦科鸟类的相对脑体积与类人猿处于同一水平，而鸦科所属的雀形目动物的大脑皮层神经元平均堆积密度是灵长类动物的两倍，这也意味着鸦科鸟类的相对脑容量很大。

第二个方面是大多数鸦科动物都有储藏食物的习性。西丛鸦不仅可以准确定位自己储藏食物的地点，还能整合自身储存食物的种类以及时间。这意味着它们清楚地知道自己储藏的食物具有"保质期"，并能在食物过期之前将其取出享用。这种每年重复多次的训练使这些储藏食物的鸟类的时空能力得到了很好地训练，使得这些鸟类的情景记忆、空间记忆甚至是规划未来的能力有了很好地发展。

第三个方面是鸦科鸟类中有各种各样的社会组织，例如成对生活的欧亚松鸦、可以进行合作繁殖的灰喜鹊及丛鸦、群居的秃鼻乌鸦和寒鸦等等。复杂的社会组织使这些鸦科鸟类面临着各种"社交"压力，它们必须清楚自己所在群体的等级关系，还得在储藏食物时注意同伴的动向从而避免同伴的"偷盗"。

　　神经元密度及相对脑容量、社会性和储存食物的习性可能是使鸦科鸟类智力水平超群的原因。除了这几方面的假设，研究人员近期还发现了其他方面的证据。关于鸦科动物大脑的形态学研究非常深入。早先详细的解剖学研究已经明确地告诉我们鸟类脑的基本结构与爬行动物相似但显著发达。2005年一个鸟类专家

国际小组在《自然神经科学评论》（Nature Reviews Neuroscience）发文，其根据分子遗传学、发育生物学、认知生理学和行为学的多方面研究，证明鸟类的上纹状体、新纹状体和原纹状体是与哺乳类的大脑皮层同源的，是复杂、灵活、具有创造性的，并具有大脑皮层（意识活动的重要基础）类似的功能。这从结构上为鸦科鸟类为什么能具有类似高级哺乳动物的高超认知能力提供了最重要的依据。

　　鸟类的脑/体比例与大多数哺乳类相似，而鸦科鸟类的脑容量更是鸟中之最。人类的大脑平均重量约为1360克，占平均体重（约63.5千克）的2.1%；而新喀鸦作为动物中的特例，脑/体比甚至超过了人类，其大脑重达7.5克，约为体重（227克）的3.3%。2020年，《当代生物学》（Current Biology）发表了一篇关于鸟类大脑进化的研究，这个国际科学家团队结合庞大的脑内投射数据库与现代鸟类大脑测量结果，利用CT扫描数据创建了大量鸟类和兽脚类恐龙的基于大脑颅骨腔形状的大脑模型，并分析了脑/体比例。鸦科鸟类和鹦鹉的进化地位较高，颅腔模型也展示出其大脑比例相对最大。研究人员发现，鸦科鸟类和鹦鹉的大脑进化速度非常快，这为它们带来了极高的脑/体比例。鹦鹉似乎采取了缩小身体的方式使脑/体比增大，而鸦科鸟类则是因为大脑增大的进化速度更高从而显著高于身体的变化。与此同时，鸦科鸟类的（前）脑神经元密度是鸟中之最，其原始神经元数量甚至可以与某些灵长类相媲美。也就是说单位质量的大脑将有可能提供更高的认知能力。

大群集居的秃鼻乌鸦具有复杂的社会结构（马　鸣　摄）

除了形态学依据外，科学家还找到了鸦科鸟类具备高智商的另一项行为学证据——延长养育，并发表在2020年的《英国皇家学会哲学汇刊B》(PHILOS T R SOC B)。除了人类之外，很少有鸟类具有抚养教导后代很多年的现象，即使是晚成鸟的雏鸟通常也会在出巢后不久就完全脱离父母走上独立生活的道路。但是鸦科（包括松鸦、渡鸦和短嘴鸦等）是个例外，与其他鸟类相比，鸦科鸟类出巢前在巢中滞留时间更长，出巢后父母继续养育后代的时间也更长。特别是有些年轻的短嘴鸦和松鸦将与父母一起生活4年，这相比其只有十几年的寿命就好比我们人类的孩子在父母身边生活了20年一样长，这期间它们可以不断地向父母学习各种生存与认知的技能。正如同我们人类社会中延长的童年时光是影响认知的一个关键生活史特征。而这种延长养育的方式，不仅给鸦科鸟类提供了更多的学习机会，也为其大脑进化提供了必备的生态条件。有趣的是，这种延长养育的亲子纽带关系其实早在古希腊时期就被亚里士多德记录在《动物志》中。

发达的大脑结构和先进的生活方式使乌鸦能够在动物进化的历史长河中走在智力发育的最前沿，而对这种极度聪明的物种进行生物学探索，则为我们人类自身的进化研究甚至是启迪人类社会进步提供了许多思路。另外，通过探索"非人类"（如乌鸦和喜鹊）的思维模式，也为打开外星智慧的研究大门，多提供了一把钥匙。

五、乌鸦智慧故事集锦

近年来,鸟学界的焦点多集中在行为研究上,特别是鸦科鸟类的行为成为热门话题。有一次召开全国性的学术研讨会,竟然有一批年轻学者介绍自己如何设计灰喜鹊、乌鸦的行为试验,看上去都很雷同,感觉就是一窝蜂。科学家乐此不疲,原来他们发现鸦科鸟类之所以如此聪明,是因为它们通过学习,能够解决在环境中遇到的一系列难题。另一方面,鸦类有知难而上的勇气,也就是说生存的挑战会促进鸟类创新意识的不断演化,包括分类、学习、认知、记忆、计算、思考、制作工具、语言、社群交流、情感、时空、迁徙、文化及其他特异功能。对鸦类智慧的探索,可能是揭开地球生命密码与智慧起源的一把钥匙。

下面我们用最简洁的笔触,换一种方式,从概括性、趣味性、故事性、科普性的角度,不厌其烦、不怕重复、挂一漏万,在以上科学家研究的基础上,精选出二三十个最新的研究成果、案例、故事,归纳、梳理、简化、变换视角,趣味化地推荐给大家。别看它们有的匪夷所思,却也精彩纷呈。

制作工具

科学家最先发现鸟类会制作工具,竟然是一只名不见经传的新喀鸦。实际上这只乌鸦是有名字的,叫贝蒂。为了得到食物,贝蒂本能地将一段金属丝掰弯,做成了钩子,来钩取难以获得的食物。我们知道，这种行为只在人类和其他灵长类中比较多见。在对比了数千个不同乌鸦个体用树枝或刺缘制作工具后，科学家发现其形状各异，存在区域或族群特色。但殊途同归，功能却完全一样。小乌鸦一开始并不会制作这种复杂的工具，需要成鸟的示范和教导。社会性学习和交流，使得一些技艺流传千古，保持了相对统一的风格，代代相传。研究这种地方特有工具样式的传承表明，乌鸦确实有它自己奇异的文化传统。

思考

还是以新喀鸦为例，其实就是生活在大洋洲新喀里多利亚岛上的乌鸦。几年前，一只新喀鸦在英国广播公司（BBC）的一档节目中大显身手，连闯八关，迅速破解谜题。每一个步骤都是独立的，需要场所、工具、顺序、操作技巧等环环相扣的过程，不假观察和思索是不可能完成的。这只乌鸦只用了两分钟半就完成了这个谜题——得到了食物。显然它具备观察、学习、探索、记忆、思考、假设、分析、串联、尝试与行动的能力。值得一提的是，作为严肃的科学家，我们不赞成把动物过于拟人化。就鸟类而言，鸟脑与人脑有共同之处，但也存在根本性的差异，千万不要在它们之间画等号。比如说，常用来描述人类的"智力"一词，就未必适合用来描述鸟类。

薅毛

为什么乌鸦喜欢到处拔毛，家猫、野狗、雪豹、北极熊都敢惹，甚至连一样会飞的金雕、草原雕、海雕、白尾鹞、高山兀鹫等

鸦科鸟类敢于挑战任何比自己大得多的
动物，薅羽毛、抢夺食物，什么都敢干
（韩笑摄）

大型猛禽的尾巴也敢拽。据说一个原因是为了筑巢，另一个原因可能是为了食物，让别人快快走开。另外，根据乌鸦喜欢恶作剧的行为，这也许就是单纯的犯贱或者游戏，一种娱乐方式吧。乌鸦仗着自己的高智商，到处惹是生非，成为动物界最著名的流氓。论身材不如大型兽类强壮，论飞行能力也没有猛禽那么灵活，凭什么如此胆大包天！在自然界鸦科鸟类的生存能力极强，我们经常看到乌鸦干坏事，其生活来源不是靠偷，就是靠抢。世界上就没有乌鸦不敢惹的动物，有一次它还偷偷搭坐"飞机"——站在鹰的背上东张西望，令人哭笑不得。对于乌鸦来说，它生命中最大的乐趣之一就是薅毛，任何动物的毛，它们都很喜欢薅，经常会偷偷跑到这些动物后面，总是揪一撮下来，就赶快跑开，真的是胆子太大了。有科学家认为，乌鸦们似乎没有别的什么目的，纯粹是心中的冲动无法抑制。不管有没有好处，它们就是喜欢挑衅比自己大得多的生物。这种行为似乎是天生具有的一种探险精神，没有这种精神怎么能够繁衍昌盛呢！

加工食物

关于乌鸦的智慧测试，都是围绕食物展开的，真可谓人为财死、鸟为食亡啊。除了制作和使用工具，乌鸦还会加工食物。例如，一只短嘴鸦会使用飞盘装水，把已经干了的食物浸泡、弄湿、软化。还有一只蓝冠鸦以自己的身体作为餐巾，把蚂蚁身上的蚁酸擦干净，让这些蚂蚁适合食用。

别以为喜欢食腐的鸦类，不怕吃脏东西，其实它们的"饮食文化"是很讲究的。有人曾经目睹到澳洲鸦把一只麻雀尸体浸泡在水里，将其泡软或洗净后吃掉。一旦我们给乌鸦提供的食物提前浸泡过了，即便旁边有水，它们不会再浸泡一遍。由此可知，这些鸟的行为不是随意而为，它们对自己的行为很清楚。

食腐

作为一大类食腐动物，鸦类承担着地球清洁工的重任。试想一下，在远古一望无际的荒野，炎热的气候，繁盛的动植物群落，出现了许多食植物的大型动物。如果没有食腐动物及时清理死亡的尸体，就会散发出恶臭气味和致死病毒，地球上的其他生命将无法继续存活。最早的食腐鸟类，可以追溯到古新世。它们大部分像恐龙一样，体形硕大，不会飞行，如戈氏鸟、中原鸟等。这些早期的食腐鸟，攻击性虽强，也只能是机会主义的拾荒者。它们与具有开拓精神的乌鸦相比，扩散速度、嗅觉和适应能力都差一大截。

鸦科动物早已拓展至各个大陆（大洲）的每一个角落，逐渐演化出体形较小、飞行能力较强、嗅觉灵敏、形形色色的种类。然而，鸦类从来没有因为食腐或胡吃海喝而中毒或发病，毫不夸张地说，乌鸦有着一个刀枪不入的"钢胃"，可以化腐朽为神奇。乌鸦经常与其他大型食腐动物合作，包括兀鹫、秃鹫、各种食肉

乌鸦喜欢与食腐的兀鹫在一起混（郭　宏　摄）

兽和杂食动物等,清除腐烂尸体,从而防止疾病传播,在生态系统中扮演着重要角色。

其实,乌鸦对食物的要求是很挑剔的,它们都是美食家。通常在一定的温度下,食物通过暴晒、自然发酵、熟化、微生物加工,逐渐变成了难以置信的"美味佳肴",甚至是长寿食品。相比人类喜欢的豆腐乳、红豆腐、臭豆腐、臭鸡蛋、变蛋、酸奶、腊火腿、臭虾酱、带菌丝的纳豆等形形色色的"中国美食",乌鸦的餐桌毫不逊色。

创新性

对于鸟类创新性行为的研究不同于以往,它不是在实验室中进行,而是通过野外观察获得。更确切地说是通过搜集一些"不同寻常"的行为记录 —— 奇闻异事和民间的"小道消息",经过去伪存真筛选,即是所谓的"创新点"了。例如,蓝胸佛法僧以捕食蟋蟀和甲壳虫著名,突然有一天观鸟人看见它在吃一条四脚蛇,这就是创新了。科学家通过数千个类似的案例,统计分析这些创新点,发现了具有创新性鸟类的排行榜,乌鸦特别是渡鸦无疑被排在了第一位。其次是鹦鹉、拟八哥、猛禽、啄木鸟、犀鸟、鸥类、翠鸟、走鹃和鹭类,人们熟知的麻雀与山雀排名也很靠前。为什么会如此,人们首先注意到脑容量的差别,乌鸦的脑容量通常比较大（1.8%～3.3%）。而山雀的脑容量达到体重的5%,这已经超过人类了。当然,问题可能不是这么简单,俗话说"脑袋大不一定就聪明",可能还有其他原因,只是我们现在还不知道罢了。

记忆

鸟类的记忆力似乎是与生俱来的，或者说是雕刻在基因里了，如秃鼻乌鸦在千里之外可以找到归途，渡鸦可以记住三年前分开的好友。但是，鸟类没有人脑中用于记忆的皮质层，如何储存一些临时信息就成了疑问。最简单的一个问题，就是白尾地鸦如何在起伏的塔克拉玛干沙漠里寻找到埋藏的食物？为了得到答案，科学家选择了比较常见的小嘴乌鸦做实验，设计了一种找回图片的游戏。在四张相似的图片中，让它们找出指定的那一张。通过脑电波，科学家发现了小嘴乌鸦脑袋里的记忆区，鸟类具有与人类相似的记忆细胞（一种神经元），这个实验肯定了鸟类的快速记忆能力。当然，诸如长途迁徙和记住往日的伙伴，就不一样了，它似乎不仅仅是一个简单的记忆问题，如人类所不具备的特异功能，其中之谜有待科学家去解开。

共情

共情不是同情，二者容易混淆。实际上它们是完全不同的感情，投入的角度不一样。共情，可以理解为感同身受（同感）、同理心、投情、神入等，是一种体验伙伴内心世界的陪伴和关怀。也就是一种能设身处地为同伴着想，从而达到感受和理解同伴情感的能力。同情，则是单向的、自以为是的、装模作样的、一厢情愿的、不痛不痒的感情。这里举一个共情的例子，喜鹊经常会与邻居发生冲突，在恶斗结束以后，家族成员会出现相互理羽、默默安慰的场面。而失败的家庭，理羽时间会更长久一些。理羽过程可以减少压力，缓和气氛，平息愤怒。鸟类不能像灵长类那样通过脸部的肌肉表达情绪，但它们能够用头部和身体的相互接触，或者通过叽叽叫声、眼神、姿势、动作来传递感情。当然，理羽被认为是最常见的表达方式，理羽时触及了鸟类皮肤上特殊的触觉感受器（神经末梢）。科学家通过测试渡鸦的应激激素（皮质酮）的变化，在生理和心理两个层面研究共情的作用。通常，在外界巨大的压力下，随着理羽时间延长，皮质酮分泌量就会逐渐减少，这从生理方面证明了共情的显著作用和价值。鸦科鸟类的共情还表现在与伴侣分享食物上，如选择伴侣喜欢的食物，以取悦对方。

打开坚果

在新疆阿克苏地区，很早就有人注意到小嘴乌鸦会去园艺场偷核桃，但怎样敲开坚硬的核桃皮，却不清楚。有一年，我们在收获季节去拍摄小嘴乌鸦的偷窃行为，发现它们多数情况是将核桃储存在一个隐蔽的密林里，偶然也会飞向机场跑道。原来，它们是将核桃抛掷在机场坚硬的水泥跑道之上，摔碎后吃掉其中的核桃仁。前面说到的新喀鸦不仅会用这种方式敲开坚果，还会用同样的办法打开蜗牛壳。在阿克苏，有的核桃品种很硬，小嘴乌鸦就会利用公路上的汽车来碾压核桃。在日本，有人拍摄到乌鸦在红绿灯附近操作这个过程，可以确保自身的安全。

玩耍

小孩子们都喜欢玩耍，通过游戏可以锻炼体魄，提高心智，建立社群友谊和合作关系。乌鸦也是一样，越是会玩的乌鸦，越聪明。也许你会以为成年乌鸦都是工作狂，整天忙于寻找食物，扶老携幼，玩耍是一项很"奢侈"的活动，它们哪里有时间搞什么娱乐活动！其实，成年乌鸦的游戏种类也很多，冬天玩滑雪，夏天玩滑梯。游戏可以促进社群关系，缓解压力，释放内源性阿片类物质，可以愉悦心情。新喀鸦最喜欢球形玩具，渡鸦会独自玩抛接游戏，小嘴乌鸦可以利用柳树枝荡秋千，它们还会逗狗玩（啄尾巴游戏）让狗抓狂。有人认为，在共同玩耍的过程中，乌鸦学会了许多东西包括使用工具。

超黑

天下乌鸦一般黑，这是一句含贬义的民间俗语。但是，令我们没有想到的是这种黑色的自然选择原理与性选择假说。超黑羽毛不仅仅是乌鸦天生的特征，而是一种生理和心理的需要。这种需要包括了后天起源假说、冰期假说、隐蔽假说、厚黑假说、吸热假说、适者生存假说及性选择假说等一系列假说。我们在前面第一章介绍过"超级黑"的物质基础及其起源，这种特性并不仅仅是由于羽毛内部的黑色素或者整齐的纳米表面结构而形成的，而是因为其自身生理的需要和选择，就像用于隐形飞机和天文望远镜上的人造黑硅涂层一样，可以造成零反射率效果。

超黑现象不是乌鸦的专利，科学家在天堂鸟的性炫耀过程中，发现了雌鸟选择雄鸟及其与超黑的关系。人的肉眼可能看不到，正是由于超黑的作用，让色彩的反差加大，被选择的力度也加大了。正常的羽毛表面是平整光滑的，当你用显微镜将超黑羽毛放大的时候，你会惊讶地发现其表面的结构坑坑洼洼，就像微型的珊瑚礁、试管刷或者无数个郁郁葱葱的树冠。这些细微结构，形成凹凸不平的表面，就像是微型的陷阱，捕捉着光线。当光线直射到羽毛的表面，它们在各种陷阱中被吸收再吸收，而不会有任何反射。生物进化与鸟类智慧达到了高度的一致，厚黑学有了新的发现，这不能不令人叹为观止。

喝水

前面专门介绍了乌鸦喝水的故事，这是《伊索寓言》中的一个故事。公元前6世纪，古希腊寓言家伊索，通过流传的民间故事，加上自己的一些想象，经过加工创作了具有教育意义的动物故事。行为学家一直是将信将疑，因为许多这类寓言故事都不是真实的，只是哄小孩玩而已，似乎几千年前人类不应该发现乌鸦有这么高的智商。这里面考验的是乌鸦的洞察力，还有一点物理法则——材质、流体、浮力与水位移动原理，真不是那么简单。最近，奥克兰大学的专家利用新喀鸦完成了这个实验，事实证明这不仅仅是一个寓言。而且，如果给乌鸦两种浮力不同的"石块"，让它们选择，它们会选择沉入水底的石头而非浮上水面的物品。也就是说，它们懂得如何选择材质，几乎在90%的时间里乌鸦可以做出正确的选择。这种理解力相当于五到七岁的小孩子了，很不简单呢。

忠诚

在中国的古诗词中，"寒鸦"是最常出现的一种乌鸦，因为优点太多，以至于派生出爱屋及乌、金乌负日、乌鸦反哺、精卫填海这样一些神话、成语或典故。寒鸦是一种孝鸟，也是很忠诚的一种鸟。说到动物界的忠诚，现在似乎是很奢侈的词汇，不仅雄鸟经常"出轨"，雌鸟也屡屡有"外遇"。当然，鸟儿的"婚外情"，说得好听一点就是不把所有的蛋放在一个篮子（鸟巢）里，并不单纯是因为"花心"，主要是为了更多、更安全地繁殖下一代。通过分子遗传检测，大部分鸟类都有婚外史，只有寒鸦是一个例外。对于择群而居的寒鸦，能够这样自我克制的原因可能至少有两个，一是养育幼鸟太难，需要夫妻精诚合作；二是从一而终白头偕老式的婚姻可以长寿。看一看生物界那些老寿星，皆是如此。

寒鸦（杨飞飞 摄）

说到寒鸦，极有灵性，它们在中国古诗词中出现率排在首位（杨飞飞　摄）

学习

动物的许多行为都是先天的本能行为（遗传）加上后天的学习行为共同作用的结果，爱学习的小动物，海马体都比较发达，其生存能力亦会比较强。乌鸦都属于晚成鸟，幼鸟跟随父母时间比较长，新喀鸦约为18个月，因而能够逐渐学会制作工具，成为世人瞩目的工匠。早期学习假说，指出了青少年时期学习的重要性，让我们得以探讨工具的使用对生物包括人类演化的深远影响。就制作工具的能力来说，能够与其媲美或者超过新喀鸦的动物只有黑猩猩和红毛猩猩。这种技艺是代代相传的，好似文化传承一样，存在地方特色和家族痕迹。必须声明一点，乌鸦的智慧包括其他物种的行为都是学习或与生俱来的，并非是在模仿人类。这就是为什么科学家特别感兴趣的一点，了解不同的文化形态或者意识起源，是探索外星智慧或打开不同智慧生命奥秘的一把钥匙。

武器

有人看到一只乌鸦与一只松鸦在争夺种子时，把树枝当作刺刀来攻击对方的情形。在美国，一只短嘴鸦试图用松果球击退进入巢区的研究者。渡鸦也有类似的行为，用石头砸接近幼鸟的人。暗冠蓝鸦与短嘴鸦打架，也使用了类似"武器"的木棍，这在阿克曼著的《鸟类的天赋》一书中有比较详细的记载。最让我们惊讶的是，为了争抢食物，一只暗冠蓝鸦居然会折断树枝之后当刺刀攻击比它体形大许多的短嘴鸦！它像使用长矛一样挥舞着枝条，向着那只短嘴鸦刺了过去。恼羞成怒的短嘴鸦也用树枝回敬暗冠蓝鸦，穷追不舍。这段描述实在太有画面感，而且充满喜剧效果。鸦类使用"武器"与使用工具是异曲同工的，只是前者比较滑稽一些。

大脑

人类自诩为"万物之灵"，大脑的平均重量接近1.4千克，约为体重的2%。而鸟类为了飞翔，不得不牺牲体重，包括尽量减轻大脑的重量。尽管如此，如果从大脑和身体的比例来看，鸟类其实更接近哺乳动物。特别是一些公认比较聪明的鸟类，如鹦鹉科、山雀科、鸦科的鸟类，大脑占其体重比值已达到2%，有的或超过5%。新喀鸦甚至还会制造钩状工具，这一点连猩猩都自愧不如。新喀鸦的体重约220克，但大脑却重达7.5克，这和小型猿猴的大脑差不多大。在塔克拉玛干沙漠，白尾地鸦会把食物藏在上百个不同的地点，并且几个月之后，仍然清楚地记得什么食物放在哪里。我们测量白尾地鸦脑重量约3克，相当于体重的3%，应该算是绝顶聪明了。鸟儿大脑的深邃、复杂程度，其实还远未为我们所了解。有科学家质疑乌鸦的智商，是因为乌鸦包括其他鸟类的大脑结构与人类完全不同，表面比较光滑，没有坑坑洼洼的大脑皮层。鸟类是这样，其他非灵长类动物也可能一样。人类，未必就是万物之标杆，许多疑问需要鸟类来回答。研究鸦类的意识形态，已经成为人类探索星空和预知宇宙智慧的一把钥匙，这几乎是一项深不可测的伟大事业。正是无数不同于人类的物种，才构成了我们这个智慧星球的无限多样性。

生气

乌鸦的情感丰富，会生气，有小脾气，而且气性不小，会记仇和报复性攻击人。这种现象屡见报道。最近看了许多关于乌鸦的故事，其实在动物界里面，乌鸦的聪明程度就排在海豚和黑猩猩的后面，简直就是极致聪明。它们脑子的比例是鸟类里面最大的，可以达到体重的2.3%～3.4%，甚至接近5.0%。关键是它们有一些特异功能是人类所不具备的，仅就思维与操作技能来说，一些鸦类可能达到五六岁孩子的智商，这是你想象不到的。如乌鸦能够分辨人的面貌，谁是谁都能区别。而且气性很大，报复心理极其强烈，不是你能躲就躲过的。它们还有家族体系，只要谁被欺负了，马上就会一传十、十传百，会不停地报复人类。其家族势力如同黑社会，赶不走也杀灭不得，这不能解决任何问题。因为其他个体还要来报复，家族不在了，同胞或朋友多得很，都会帮着复仇。报复的手段有很多，追逐你、吵闹你、投屎弹、啄伤你、破坏你的物件，让你像过街的老鼠一样。想一想每天都有几只乌鸦围着你大叫大嚷，多么烦人。在农村，最忌讳乌鸦叫，惹翻了乌鸦，它们会偷窃你家的东西，甚至偷挖你家地里的红薯或者花生，让你生不如死。在国外的一些社区经常有人给警局打电话，尽是些关于被乌鸦追打或者群殴的消息。乌鸦这一点比较可怕，当然它们也知道感恩，你对它好，它也不会无缘无故地惹你。

语言

鸟类叽叽喳喳，不仅有语言，还有方言，我们很难将唱歌、鸣叫和方言之间厘清楚。可能有人会说，鸟儿在觅食方面有很多特异才能，并不算奇怪，这不主要靠本能嘛。那么，它们的"沟通"才能是否也能让大家佩服呢？鸟儿的叫声与歌声，十分复杂和多样化，它们会学习、交流并传承技艺。分布在不同地方的乌鸦都有各自的方言，见异则噪，科学家采用特殊的办法和仪器，解读乌鸦在这些方面的才能。他们将乌鸦的鸣叫分成12种，包括召集声、斥责声、集合声、恳求声、宣布事情的声音和两只鸟对唱的声音等。

值得一提的是，鸦类虽然属于鸣禽（雀形目），但却都不太会唱歌。黑尾地鸦亦不例外，它有一个银铃般的好嗓子，其鸣声只是作为相互交流的"语言"而已。

秃鼻乌鸦天生喜欢群居生活，长距离迁徙也是前呼后应，热热闹闹，特别聒噪。事实上，很多鸟类的社交本领相当厉害，它们会偷听、吵架、搞婚外情，也会欺骗和操控别的鸟类。它们会绑架，会搞婚外情和离婚什么的，有时也会表现出强烈的正义感，也会给其他鸟类赠送礼物。它们会玩抛接和拔河的游戏，会建立社交网络，也会争权夺位。遇到同类死亡时，它们会通知其他鸟过来召开"追悼会"。你看，鸟儿的"社会生活"和"组织结构"应该跟人类没有多大区别，甚至更加丰富多彩。

分享

传递信息，交换情报，分享食物，乌鸦简直就是"活雷锋"。在天山西部，赤狐、灰狼和雪豹常常因为寻找食物而四处奔忙，随着环境变化，食物越来越少。如果没有乌鸦报信，有时候猛兽跑断了腿也难找到食物。一项研究表明，是乌鸦给了狼群艰难活下去的机会，也是乌鸦给了野狼集群生活的理由（大多数食肉动物都是独行侠）。另一方面，一头摔死的马鹿，若没有食肉动物来肢解，乌鸦是没有办法吃肉的。狼群几乎总是跟着乌鸦——等待着下一次的捕杀机会。一般来说，5～20只乌鸦会出现在捕杀现场，蹭吃蹭喝，分享战利品。每只乌鸦每天可以吃掉或储藏1千克食物。最终，乌鸦能吃掉狼杀死猎物的1/3，互惠互利，实至名归。狼会觉得吃亏吗？当然不会。有一个成语叫"狼吞虎咽"，就是说分享归分享，快速吞咽才是硬道理。

哀悼

在行为学研究方面,关注度与新喀鸦一样著名的鸦类是西丛鸦。想不到这种美洲灰蓝色松鸦也会有"同理心"——这里我们简单定义这个时髦词汇——为死亡或不幸者悲哀。当发现一只西丛鸦死亡,就会有一大群西丛鸦围拢过来,观看、大叫、跳来跳去,半个小时后才会离去。它们这是在哀悼、恐惧或发泄愤怒,还是在分析死因,抑或讨论如何处理,不得而知。一些人反对用"哀悼""守灵"或"葬礼"一类拟人化的词汇去理解西丛鸦,鸟类是否会有哀悼同类死亡的行为,目前尚无定论。质疑是科学家的天性,但不能够扼杀我们的想象力。在北美洲,黄嘴喜鹊也会聚群,为死去者举行葬礼。在野外,我们经常会目睹欧亚喜鹊、红嘴山鸦、小嘴乌鸦、秃鼻乌鸦、渡鸦和寒鸦等鸦科鸟类亦有类似的仪式,毕竟哀悼不是人类独有的情感。

自制力

之前我们介绍了延迟满足实验,就是设计了投食过程,看鸦科的鸟类怎么选择。先是投放一般的食物,如葡萄干什么的小玩意,之后会根据表现奖励更好的食物,如鲜肉什么的。在整个过程中,聪明的乌鸦如果认为某项报酬是值得等待的,它们就会延迟满足。渡鸦和小嘴乌鸦的自制力、坚持度和自我克制能力,都是上乘的,它们基本上通过了这个复杂的"测试"。它们拒绝了眼

报信的小嘴乌鸦就是个活雷锋,看它正与秃鹫共
同分享一头死去的牦牛(马 鸣 摄)

前的食物诱惑，当然是在权衡之后，它们清楚知道在接下来会有
更好的奖励，它们可以耐住性子等待。乌鸦们为了得到更棒的食
物，甚至愿意等上好几分钟，若无其事地假装不去理会这些小恩
小惠。延迟满足除了需要自制力，还要能够评估后来的那份奖赏
是否值得它们等待。在这方面，它们所表现出来的意志力，不亚
于一个七八岁的小孩。我们知道，这本来是用来测试人类自制力
的，而当时只有30%的4岁小孩通过了这个测试。

偷窃

许多鸦科鸟类都有和松鼠相似的行为，就是喜欢把采集到
的食物储藏起来，为度过寒冷而漫长的冬季做准备。除了直接采
集食物，它们还会偷窃别的鸟类或者兽类储藏的食物。最有趣的
是，它们似乎知道所谓"黑吃黑"的含义，就是运用自己当小偷的
经验来预防其他窥探者的偷窃伎俩。它们会假装埋藏坚果，其实
在做一些试探或者设计一个迷魂阵，利用特有的"情报战"和"障
眼法"去提防其他鸟类轻易偷走它们储藏的食物 —— 尽管这些
食物中的一部分可能也是偷来的（占比高达30%）。每到秋天，鸦
科鸟类都表现出关爱、孝顺、体面、聪颖、勤奋、分享及四处奔忙
的一面，但同时又有"两面鸟"的恶名，号称是鸟界的强盗、魔鬼、
流氓、小偷、骗子和豺狼。

安慰

在中国的西北部,有一个乌鸦的天堂,我们在喀什、和田、阿克苏等地野外考察,经常遇见的秃鼻乌鸦聚集数量可达到五六万只,吵吵闹闹,遮天蔽日。这种群居生活,难免有摩擦和冲突。一项研究表明,秃鼻乌鸦在看到伴侣被别的乌鸦欺负后,通常会跑过去亲吻和安慰它,温柔地抚慰在纷争中遭到侵犯的受害者,以减轻它的痛苦。渡鸦也一样,它的安抚动作有调解、并列、触摸、亲吻、同情和梳理羽毛等,同时会发出低沉的声音,窃窃私语,以缓解紧张的情绪。就目前所知,只有几种动物会有安慰同类的行为,如大猩猩、狗和大象等。科学家花费两年时间观察渡鸦群体的矛盾冲突,群体内的不友善行为,最多就是一些口角和轻微啄几下。但如果是互不相识的渡鸦群体相遇,为了抢夺鸟巢、食物、地盘、配偶,而发生争吵,有时候会大打出手,欺凌老弱幼小个体,甚至造成伤亡。因此,相互安慰与社会性冲突造成的应激反应,明显存在关联,属于鸦之常情。

地形图

早期没有GPS(全球定位系统)的时候,我们都有这样的经验,出野外只有罗盘不行,必须带上地形图,罗盘只能辨别方向,定位还是需要地形图。所以,科学家猜测在鸟类的体内一定也有一个看不见的"地形图",具体说就是记忆方位的特殊细胞群。研究发现,具有分散性储藏行为的鸦科鸟类,位置细胞都很发达,它们都是空间记忆的大师。什么超级"导航地图""磁力线图""位置坐标""认知地图""气味地标""次声波图"和"气压地图"等，应有尽有。例如，松鸦会将数万颗松子埋藏在几千个地点，方圆数平方千米范围，之后再挖出来食用，分门别类，先后有序。那些具有迁徙能力的物种，在辨别方向和方位方面，是人类望尘莫及的。一些鸟类由于受暴风雨之类的恶劣天气影响，可能偏离既定航线几百乃至数千千米，但大多数这样的"迷鸟"仍能很快找到归路，抵达目的地。是什么神奇的力量在指引着它们，视觉、嗅觉、听觉，还是其他的特异功能？我们知道，候鸟定位可能综合了许多因素，诸如地形、日月星辰的方位、地磁场、次声波、暗物质、引力波，甚至是特殊的气味和气压等，不一而足。

堪舆

堪舆即风水，是中国传统文化之一。过去一说到风水或者风水先生，就会想到一些荒诞不经、封建迷信和充满神秘玄学的东西。那么，风水与鸟类究竟有什么关系呢？我们知道鸟类的定位和导航能力，几乎是一种特异功能。商周时期，最有名的风水先生、堪舆鼻祖叫"青鸟"，不能不说是一种巧合。早期我们在学习生物学知识的时候，接触到乌鸦占卜与喜鹊识太岁的记载，所谓莫在"太岁头上动土"，就是风水学、堪舆术或者青鸟术的内容。

喜鹊也是堪舆术的"大专家",它们注重巢址选择,包括环境适宜、位置安全、洞口朝向、高度与材料选择等方面,非常讲究。在黄土高原上,环境比较恶劣,通常有喜鹊建巢背太岁一说,这与人们盖房子都喜欢坐北朝南是一个道理。鸦科鸟类的生活环境都比较差,在澳大利亚乌鸦习惯于合作繁殖,共同筑造坚固的巢穴,抵御天敌及度过漫长食物短缺的季节。在中亚沙漠里,地鸦们选择了与丝绸之路相依为命的生存之理,可以在不毛之地上获得仅存的生机。一些鸦类选择与人类相伴,就如伦敦塔上的渡鸦和羊圈里的寒鸦,可以获取充足的食物和舒适的避风港。人类制造的温室效应,也给鸦类带来了好处。

合作

自然选择学说认为,单个个体为了生存,会比较突出地表现出"自私"的一面。但是,一些集群生活的鸟类,却倾向于采取合作、利他的行为,如觅食、防御或繁育的合作模式。中国古代有慈乌反哺的记载,这应该不单是一种天性。白翅拟鸦通常会组成10只左右的合作群体,在食物短缺的漫长年代,它们会保持数年生活在一起,共同筑巢、轮流孵化和育幼,所有成员都在参与培养幼鸦的活动。因为幼鸦待在窝里时间长达8个月之久,是其他鸦类的8倍,仅靠双亲就有一些力不从心。幼鸟出窝之后,它们还要共同教育和训练幼鸟在干燥的环境中寻找食物的技术,较大的家庭有更好的成功繁育的机会。它们总是一起行动、玩耍、歇息、

觅食、尘浴、相互理羽，形成一种和谐迷人的氛围。如果有可能，
它们还会胁迫邻近家庭的亚成鸟以招募到自己的族群，帮助者越
多越好。

搭便车

经常遇见冠小嘴乌鸦、秃鼻乌鸦、小嘴乌鸦合伙攻击猛禽的
场面，在冬季的伊犁河畔，这几种乌鸦还会与海雕分食战利品。
调皮的乌鸦，喜欢恶作剧，什么猫啊狗啊它都不怕，比自己大十几
倍的动物都敢欺负。最近，有人拍摄到一只渡鸦站在了正在疾飞
的美国国鸟白头海雕的背上，左踩踩、右踩踩，像划船一样摇摇

鸦科鸟类的恶作剧不是仅仅针对猫、狗和雪豹，凶猛的海雕、红隼、白尾鹞、鸦它们也敢欺负
（韩 笑 摄）

摆摆。不过海雕的飞行时速能达到80千米，所以这个渡鸦的平衡能力还真是不简单呢。据摄影师介绍，这只渡鸦其实并不是专门来欺负国鸟的；白头海雕可能在捕猎时误入了渡鸦的领地，渡鸦就飞过来骚扰和驱逐。但驱扰了半天人家也没理睬它，于是渡鸦就干脆骑在了海雕的背上；但是海雕还是不搭理它，渡鸦就搭了一会儿顺风雕，借机押送海雕离开了。渡鸦的这种有胆有识、以小欺大，这在其他鸟类中是非常罕见的。

路杀

在高速公路上，经常看见各种动物遭遇车祸，但很少有乌鸦被车撞上。并不是乌鸦不喜欢上公路，而是它们更机智一些。2012年前后，我们专门针对塔克拉玛干沙漠公路两侧的白尾地鸦分布状况进行了调查，一是警戒距离，二是密度变化。结果让我们感到很意外，发现距离公路越近白尾地鸦的数量越多，显示出一种正效应。分析原因，应该是与沙漠的特殊环境有关，还有就是与鸦科鸟类本身的特性有关。沙漠环境中地鸦的食物比较少，而沙漠公路两旁的固沙植被带以及交通带来的人类生活垃圾等能给地鸦带来更多食物。另一方面，鸦科鸟类本身机智过人，它们不是很怕人和车，已经习惯在休息区内寻找食物。并且它们也是杂食性的，一些被撞死的尸体，成为它们的美味佳肴。如果你留意观察，你会发现在公路两边常常能看到不少鸦科鸟类，包括两种地鸦、秃鼻乌鸦、小嘴乌鸦、渡鸦、寒鸦、喜鹊等。就像峨眉山上的猴子习惯了问游客要吃的，甚至是野蛮抢吃的是一个道理。实际上公路问题比较复杂，不单单是路杀，还有噪声、尾气污染、灯光干扰等，所以只能说道路对白尾地鸦有一种"吸附效应"，生存之道是好是坏，有待更长期的观测。

鸦科鸟类的恶作剧不是仅仅针对猫、狗和雪豹，凶猛的海雕、红隼、白尾鹞、鸦它们也敢欺负（杜松翰 韩 笑 摄）

预测

社群生活，趋利避害。但是，在社交场合，需要"揣测"甚至"预测"将要发生的事情。乌鸦很少会在距离人类居住地以外的地方繁殖，它们是个真正适应了人类的物种，或者说和人类在一起就是它们减缓生存压力的方式。同是鸦科鸟类，喜鹊报喜，渡鸦卜凶，吉凶祸福，二者的分工十分明确。国外也有许多关于渡鸦可以察觉到死亡即将发生的民间轶事，如莎士比亚的《奥赛罗》第四幕中："就像预兆不祥的渡鸦在染疫人家的屋顶上盘旋一样。"其实，渡鸦的"占卜术"是与其食腐习性及灵敏的嗅觉有关。很长一段时间，人们对鸟类的"嗅觉"持否定态度，后来科学家经过解剖和三维电子扫描技术，发现了鸟类鼻腔中的三叉神经和大脑中类似嗅叶的结构。显然，对于渡鸦、地鸦、星鸦这一类物种而言，仅仅靠视觉已经不够用了，在单一景观里嗅觉成为找到掩埋食物地点的一个绝技。

有科学家大胆预测，如果"第六次物种大灭绝"真的到来了，到时候可能残存的物种中有一半都是鸦类。别看乌鸦其貌不扬，脾气又坏，谁又能预料呢！

第三章

沙漠地鸦

马 鸣／文

土库曼地鸦（Andrey KovalenKo 摄）

伊朗地鸦（Andrey Kovalenko 摄）

白尾地鸦（马 鸣 摄）

黑尾地鸦(杨 军 摄)

第三章　沙漠地鸦

　　说起来简单,全球仅有四种地鸦,伊朗地鸦、土库曼地鸦、白尾地鸦、黑尾地鸦。它们在鸦科中占据比较特殊的位置,均生活在中亚和西亚极端干旱地区——沙漠或半沙漠的环境中。它们的羽色呈浅褐色,与大多数鸦科种类完全不一样。这里单独一章不厌其烦地重复介绍它们,是为了承上启下,给接下来的一章做铺垫。其实,关于这几种地鸦的资料都非常少,以至于写来写去,也没有什么新鲜东西。感觉就像是一块"鸡肋"——吃起来乏味,弃之可惜。

　　此外,对于观鸟爱好者来说,要在自己的名单里添加齐这四种地鸦,是一个相当大的挑战。特别是在当今的国际形势下,就如同上天入地一样,是非常难以实现的事情。

四种地鸦的头部特征，左至右依次为：伊朗地鸦、土库曼地鸦、白尾地鸦、黑尾地鸦（Andrey Kovalenko 马 鸣 杨 军 等摄）

一、白尾地鸦或新疆地鸦

一百五十多年前，一群外国军人（或间谍）来新疆探险，偷偷摸摸采集了一些鸟兽标本，带回国去便以自己的名字命名这些地区性特有物种，如休默地鸦（地山雀）、普氏原羚、普氏野马、柯氏鼠兔等，完全不尊重当地的文化传统和历史背景。新疆特有的白尾地鸦亦是其中之一，从拉丁名（学名）到各国使用的外文名，都是看不懂的洋名——毕杜夫地鸦（以采集者命名）。这简直就是莫名其妙，其中有一段难以启齿的发现过程（见第四章）。

随着祖国日益强大，国内外的一些学者亦认为这种命名继承了帝国主义衣钵，就是一种侵略行为，有辱国格，很不合时宜。在1990年前后，一些国际鸟类组织开始使用"新疆地鸦"（Xinjiang Ground-jay）这一比较切合实际的名称。当然，无论是采用形态特征（白尾）还是以当地的地名来命名，都是符合国际命名法规的，是我们可以接受的。

　　白尾地鸦是新疆南部塔里木盆地特有物种,世世代代分布于塔克拉玛干沙漠之中,特别适应于在松软的沙地上生活。其体长26～31厘米,体重130～150克,在四种地鸦中属最大者。通体沙褐色,前额、头顶至后颈黑色,泛金属蓝辉色。眼先、眼周、头侧及颈呈淡的沙棕色。鼻须沙棕色,长近1厘米。上体大部包括肩、背、腰和翅上小覆羽淡沙棕色,翅上的沙棕色更偏桃红色。初级飞羽先端黑色,中部具大形白斑,近基部黑褐色,飞行时大斑分明。最内侧的两枚初级飞羽白色无黑端。次级飞羽蓝紫黑色,各羽先端具白色宽边。三级飞羽沙褐色。尾羽白色,中央一对尾羽

白尾地鸦形态特征(马光义　摄)

白尾地鸦标本，示幼鸟中央尾羽的黑色，
几占羽宽的一半，属于返祖现象（马 鸣 摄）

具黑色羽干纹。尾上覆羽乳白色，长度约超过或相当于尾羽的一半（成鸟尾上覆羽距离尾羽羽端3～4厘米）。颏、喉及面颊泛黑色，隐约有斑驳的沙褐色羽缘。胸、腹及腿覆羽沙棕色，尾下覆羽白色或淡沙棕色。虹膜褐色。嘴黑色，较长，明显向下弯曲。跗跖、趾及爪黑色。

雌雄相似，雌性略小，嘴峰和跗跖也比较短一点。幼鸟与成鸟很接近，但头顶的黑色部分杂有淡褐色羽端斑，喉部无黑色，中央2枚尾羽的黑色部分比成鸟大许多，约占羽毛面积的50%，属于返祖现象。1989年5月4日和2003年6月25日所采幼鸟标本，头顶的黑色羽毛有沙褐色的羽端，形成淡色斑点；颏、喉无黑色。嘴及腿暗褐色，不似成鸟那么黑。

　　白尾地鸦为典型的沙漠鸟类，适应在极端环境下生活。分布区仅限于松软的塔克拉玛干沙漠腹地及周边地区，似乎与"丝绸之路"有着千丝万缕的关系。发达的鼻须（长约1厘米），强健的双腿，沙褐色的体羽，成为南疆沙漠腹地独一无二的物种。

　　环境造英雄，白尾地鸦就是一个在恶劣环境下成长起来的特有鸟、英雄鸟、明星鸟，世界各地的鸟类爱好者（鸟友）都会来新疆寻找白尾地鸦。它喜欢栖息于松软的流动沙漠之中，特别是风沙肆虐的塔克拉玛干沙漠腹地及沙漠绿洲的边缘。其实，塔克拉玛干沙漠并非完全的"死亡之海"，沙漠腹地的地下水资源比较丰

富，在低洼的沙丘间分布有喜湿的芦苇、柽柳、罗布麻、叉枝鸦葱、牛皮消、猪毛菜、盐生草、胡杨和骆驼刺等少数几种植物。动物有狐狸、沙鼠、跳鼠、棕尾鵟、游隼、沙百灵、毛腿沙鸡等。在一些地点竟然有鼠洞分布（每平方米4～7个）。

塔克拉玛干沙漠位于新疆南部的塔里木盆地中央，海拔900～1200米。东西长约800千米，南北宽500千米，沙漠面积约33.8万平方千米，系世界第二大流动性沙漠。沙丘形态多样，如新月状、鱼鳞状、波浪状、穹丘状、金字塔形等。沙丘高度数十米，最高超出150米。年平均气温10℃～12℃，1月最低气温-30℃，7月最高气温（塔中站）48℃，年降水量20～50毫米，年蒸发量却在3200毫米以上，属极端干旱地区。发源于周边昆仑山、天山、帕米尔高原的有水河流144条。目前能够流入沙漠的河流有24条，如托什干河、阿克苏河、和田河、克里雅河、尼雅河、安迪尔河、车尔臣河、塔里木河等。

1983～2020年，近40年的野外调查发现，白尾地鸦在沙漠腹地分布极其广泛，并不是通常认为的沿塔克拉玛干沙漠边沿分布，从北纬37°～42°，东经77°～90°，海拔800～1500米之间的沙漠中都有其踪迹。1997年2～3月在"中日徒步横穿塔克拉玛干沙漠"期间，从塔中至罗布庄由西向东约400千米的区域记录到白尾地鸦约21只（马鸣等，1997）。在历次穿越沙漠的过程中，

白尾地鸦及其栖息的环境，通常太密的胡杨林里面不会有白尾地鸦

（魏希明 摄）

白尾地鸦正在沙漠里寻找、运送或储存食物，甚至它敢追逐沙鼠（马光义　王洪运　摄）

多可以在沙漠腹地见到白尾地鸦的散布。1998年6月12日中午（沙尘天），在沙漠公路肖塘附近约100千米的区间内（样带宽度2×50米）统计到24只白尾地鸦，这是历年最多的一次记录。

在沙漠之中，白尾地鸦主要栖息于沙丘间，或有稀疏植被的胡杨林区、红柳包（柽柳）、旱生芦苇滩的地段。或者出现在沙漠公路的临时停车场（垃圾场），或者是人类新建的临时定居点附近（如牧业村、养路段、石油基地、石油井队、物探队、公路驿站、饭馆、棉花收购站等）。通常单独或成对活动，这与栖息环境和食物条件有关。

在塔中沙漠公路边，我们观察发现白尾地鸦有储藏（埋）食物的行为，这与其他鸦类十分接近。当投放在路边的干馕被地鸦发现以后，很快被衔至附近掩埋。但在景观单调的沙漠中埋藏食物，定位机制应该有所差异，其重新找回食物的难度一定很大。

　　白尾地鸦的食物包括金龟子、漠王甲、象甲（象鼻虫）、伪步行虫、叩头甲（金针虫）等，繁殖季节以鞘翅目的昆虫为主；这些昆虫大多是在地表活动，统称"甲壳虫"，即鞘翅类。其他时间也食蝗虫、蜥蜴、植物果实、种子、苇叶、双翅目幼虫及其他昆虫的幼虫等。胃检发现马粪、玉米粒及各种昆虫，属于典型的杂食性鸟类，根据季节变化而采食不同的食物。正是因为其杂食性，易于驯养，有时被当地人笼养，或当作观赏鸟出售。在喀什地区，人工饲养白尾地鸦的历史记录可以追溯到140多年前，但目前尚无人工繁育的记录。

　　1990年12月25日，我们在沙漠腹地所获1号标本（♀），解剖发现其眼眶内有大量寄生虫（线形虫或绦虫）。作为非迁徙性的地鸦，如何感染或传播寄生虫是非常有趣的一个问题。

　　白尾地鸦营巢于红柳灌丛、盐穗木和小胡杨树上。巢呈杯状，内垫羊毛、干草、枯叶、兽毛、多毛的种子（棉花籽）、其他动物的毛和发等。根据以往记录，2月下旬至3月中旬已经开始繁殖，窝卵数2~4枚，卵的外径为 33.7毫米×23.5 毫米。2018年的春天，我们在6.6米高的胡杨树上发现了一个地鸦窝，巢位于树的上部约4.5米高处，巢内4只幼鸟，测量体重100~110克，已经接近成鸟体重，可以离巢了。据当地人反映，在洛浦县地鸦偶然也栖居于地洞里。

　　1989年5月2日，我们在民丰（尼雅）以东的安迪尔见到当地人捕捉到1只才会飞的白尾地鸦幼鸟。同年5月13日在墨玉的玛亚克墩采集到1只才离巢的幼鸟标本。2000年4月在沙漠公路肖塘养路段（站）附近一个巨大的怪柳包灌丛中部记录到一个旧巢，巢外径26～28厘米，内径12～15厘米，高度10～12厘米，巢深3～5厘米。巢位于红柳包避风的一侧，大红柳包的高度约3米。2003～2019年间，在民丰一带陆续记录到50余个巢，还有卵和幼鸟等（部分细节见下一章）。

　　繁殖期过后，白尾地鸦开始集群活动。在6～7月，形成4～6只的小群，是包含幼鸟的家庭群。酷热的夏季，在沙漠腹地依然可以见到其行迹，其他季节地鸦在沙漠中分布是均匀的，四处漂泊，寻找食物。与分布较广的黑尾地鸦比较，白尾地鸦更喜欢在松软的沙质地面上觅食，极善于在沙地上奔跑。其最大步幅为48厘米，平均跨距约20厘米。当地人称其为"克里妖盖"，就有"大步流星，奔跑如飞"之意。飞行距离很短，一般在100～500米之间。

繁殖期的白尾地鸦，孵化和育雏，极其尽心尽力（徐峰　童玉平　摄）

地鸦通常会发出两种长短不一的叫声，一种是连续颤抖的长音，另外一种是短促的报警声。遇见人或天敌时，两种声音会轮换出现。最常见的叫声，是地鸦发出"嘀溜——，嘀溜——，嘀溜——，嘀溜——，……"一连串的鸣叫声，如同银铃般的声音。有时更像是马驹发出的低回颤音，这是一种愉悦的歌唱，或是呼唤幼鸟的声音。另外一种声音，比较短促，咯——，咯——，咯——，可能与预警或惊恐时发出的信号有关。据野外观察，为了躲避天敌，地鸦通过"扩张"沙褐色肩胛羽和腹侧束状羽毛来覆盖翅膀上显眼的黑白羽毛，以增强其神秘的外观。体羽的膨胀，这样做甚至是在给伴侣或者幼鸟发出警报信号。

从亚种分化方面分析，四种地鸦只有土库曼地鸦有亚种分化，亦只分出了两个亚种，说明它们形成的历史相对比较短。苏联学者科兹洛娃（1975）对地鸦属起源的历史进行了详细分析，得出的结论是在沙漠里生活的两种地鸦——白尾地鸦和土库曼地鸦——是四种地鸦中进化相对较晚的物种，是随着沙漠化的过程中，趋同进化所形成的比较特殊的适应类型。但是，我们认为，从幼鸟的形态演化来看，所有幼鸟的发育初期是没有黑色胸斑的，有黑色胸斑的两个种（伊朗地鸦和土库曼地鸦）进化应该相对晚一些，它们应该是从没有黑胸的两个种之中进化而来。我们根据这个线索，提出中亚起源假说，更具体一点就是地鸦新疆起源假说。

如果说土库曼地鸦是"梭梭地鸦"，那么白尾地鸦就是"红柳地鸦"，二者在生境和栖息地选择方面还是有一些区别的。

二、黑尾地鸦或蒙古地鸦

黑尾地鸦是外国探险者1871年在新疆南部的莎车县发现的第二种地鸦,其主要分布区在新疆两大盆地戈壁滩上,新疆以外的周边地区属于零星分布。为什么又叫"蒙古地鸦",令人质疑,可能源自俄文和英文的错误命名。有人甚至用"仅分布于"蒙古国来掩盖事实真相,混淆视听,以讹传讹,是一种狭隘的学术误读和地域偏见。实际上从模式标本发现到后来的补充调查,它都与中国内蒙古或者蒙古国没有任何关系。

在西北五省区,黑尾地鸦除了广泛分布于新疆南北疆的戈壁沙漠里,还在甘肃、青海、宁夏、内蒙古等省区荒漠地区有少量分布。早期,著名学者郑作新和张荣祖称其为"漠地鸦"(1956),后来也有人称其为"地松鸦"(Ground Jay)。根据黑尾地鸦嘴的弯曲度,当地人称其为"沙鹊"或者"地山鸦"(Ground Chough)。我们坚决反对一些西方人用他们的人名去命名黑尾地鸦,任何时候,这种殖民文化都是一种耻辱的印痕。

自由自在,步伐矫健,黑尾地鸦的形态特征及栖息环境多样化(谷连福 摄)

　　从地理位置上看，黑尾地鸦是分布最北的一种地鸦，也是南北分布跨度最大的一种地鸦，从青藏高原一直分布到准噶尔盆地。一百多年前，在哈萨克斯坦斋桑盆地以东的中哈边境地区曾经有人见到过黑尾地鸦。但是，大家一直怀疑其真实性，就连当地的学者也不相信这个"唯一"的记录。而在蒙古国，其分布区在科布多及外阿尔泰戈壁一隅，靠近中蒙边境无人区域，数量稀少，范围狭窄，极少受人关注。

　　黑尾地鸦与白尾地鸦形态极其相似，全长26～30厘米，体重92～117克。通体沙褐色，腹部较淡。头顶至后颈黑色，泛金属紫蓝辉色。飞羽和尾羽黑色，也有金属光泽。翅上有大的白色斑，飞行时白色尤为明显。由于尾上覆羽特别长（≥80mm），且是沙棕色，使得黑色尾羽有时会被掩盖着而看不明显。黑尾地鸦喜欢在硬戈壁上觅食，嘴较白尾地鸦短一些。嘴、腿、趾、爪均为黑色。

　　沙褐色的黑尾地鸦，是大自然的一种选择，一种生存策略，

浑然一体,不被各种捕食者发现和伤害。特别是对于幼鸟,无论是在窝里,还是在戈壁滩上,有良好的伪装色,就可以躲过金雕、草原雕、猎隼、灰狼、赤狐、狗獾们凶残的目光。而黑和白相间的翅斑,可能透过荒漠灌丛成为它们之间相互联络的信号。叫声也是地鸦联络的常见方式,亲鸟立于灌丛上,呼唤幼鸟。遇到天敌,妈妈会大声呼叫,小鸟们都聚集在妈妈身边,紧跟着它,从一个灌木丛跑到另一个灌木丛,或短距离内飞一段。

适应于裸露的砾石戈壁、盐碱滩、湖盆洼地、荒漠丘陵、山前冲积平原、山地荒漠草原、沙漠绿洲边缘及植被稀疏的弃耕地。有时也在荒凉的新疆北部或东部的"雅丹"地形中出现,都是极端干旱地区。栖息地年降水量50~150mm。在有些活动区域内,较高大的植被有锦鸡儿、芨芨草、梭梭、胡杨、红柳等。与白尾地鸦比较,黑尾地鸦的活动生境较白尾地鸦多样化,更喜欢较硬的裸戈壁地面。分布的海拔高度变化较大,在新疆北部分布区低于海拔200米,而在新疆南部(如阿尔金山)可上升至海拔3600米。

黑尾地鸦多单个或成对活动。极善于快速行走,通常不远飞,也不高飞。其发达的鼻须,完全掩盖住了鼻孔,适应于风沙恶劣的环境,亦有利于在刨挖土壤中的动植物及埋藏食物时减少尘土的危害。6月开始退换羽毛,可能持续到9月。在一些路边停车场、旅游景点和野餐地,它们有时接近人群寻找丢弃的食品,始终与人群保持20~30米的距离。为什么它们总是与人保持一定的距离,而不与骆驼和马保持距离?原来是有人射杀地鸦,鲜为

在不毛之地的生存策略,环境虽然恶劣,但
黑尾地鸦依然随遇而安(王新华 摄)

捕食行为，在荒漠环境下，黑尾地鸦见到什么吃什么
（Gombobaatar Sundev 摄）

人知的是为了制作某种药材来伤害它们。

　　地鸦都属于杂食性鸟类，食谱因季节而发生变化。根据20世纪60年代所采集的8个标本胃检资料，含许多的昆虫（蚂蚁、蜂、蝉、鞘翅目）、蜥蜴、植物碎片、甜瓜籽、麦粒、玉米及其他谷物等。2003年6月28日获得1标本，胃内含昆虫碎片和10余个完整的麦粒。2003年11月4日解剖公路汽车撞鸟尸体，胃容物依然含有蝗虫、伪步甲和其他小昆虫等，还有植物碎片和彩色细沙20多颗。通常喜欢在粪堆上和公路边觅食，拣食运粮车队遗留下的谷粒。在昆仑山区，经常偷食牧民晾晒的奶酪和肉干。有在河流边饮水的习惯。

黑尾地鸦窝和卵

国内外黑尾地鸦的繁殖资料极少，窝和卵也很罕见，但猛然一看，与其他地鸦别无二致（马鸣 摄）

其实，黑尾地鸦是戈壁荒漠生态系统中植物种子的散布者，有时候它们还是栽种者。因为，它们有掩埋食物的本能，春天来不及吃掉的种子就会发芽，这些地鸦成了名副其实的播种者。除了吃植物性食物，地鸦在繁殖期还大量捕食灌木中的害虫，包括各种成虫和幼虫，这些昆虫会伤害灌木的叶子和树枝。因此，地鸦是戈壁沙漠灌木丛和梭梭林中有害昆虫的克星。当然，在冬季食物最为缺少的时候，它们会到牧民的住处寻找食物。它们把冬牧场当作了"冬令营"，也会躲在羊圈里避寒，在粪便里发现植物种子。这些聪明的鸟，知道如何找到食物，如何与当地人建立良好的关系。

有意思的是，我们在对地鸦的种群评估时，经常采用的一种方式竟然是基于路边的数量计数 —— 路线调查法。而道路对这种地鸦的吸引力是可想而知，它可能起源于远古时期的商旅，至少数千年来商队在穿越亚洲腹地时，建立丝绸之路包括南北路线之后，地鸦就开始在这些路线上聚集了。外国探险家1876年已经注意到黑尾地鸦习惯于走到驴马走过的道路上，吃粪便中的谷粒，很可能同时获得一些甲虫，如屎壳郎之类的昆虫。当地维吾尔族人称这种地鸦为"克里妖盖"，意思是善于奔跑的鸟。实际上这里报道不少是关于地鸦以粪便、垃圾和掉落的谷物为食的情况，而且都是在清晨和下午晚些时候在村庄之间的道路上奔跑，寻找散落的谷物。公路对鸟类丰度的积极影响，在沙漠中比在其他栖息地更容易被发现。

土库曼地鸦，也叫伊犁地鸦，曾经记录于新疆（Andrey Kovalenko 摄）

三、土库曼地鸦或里海地鸦（伊犁地鸦）

　　最早被人们科学命名的地鸦是土库曼地鸦，已经有200年的历史（1821年）。其分布区间断而不连续，主要分布于中亚土库曼斯坦的卡拉库姆沙漠（黑沙漠）、乌兹别克斯坦的克孜勒库姆沙漠（红沙漠）。还有在哈萨克斯坦的巴尔喀什湖以南沙漠，包括伊犁河下游、喀拉套河之间，向东分布至源于阿拉套山的阿克苏河谷等，仅残存有孤立的一个小种群。郑作新（1976）在《中国鸟

新疆伊犁地区的图开沙漠和霍尔果斯沙漠的植被比较好，是土库曼地鸦或伊犁地鸦的适宜栖息环境（马　鸣　摄）

类分布名录》首页的引言里，将土库曼地鸦（里海地鸦）列为"未经证实"的物种，曾经录自我国新疆境内。

　　寻找土库曼地鸦（伊犁亚种）的计划，隐藏在心里已经很久了。因为新型冠状病毒在全球肆虐，我们被困在家里有半年之多，在新疆最西边的伊犁霍城县和察布查尔县寻找土库曼地鸦的计划被搁置至2020年9月。这里有几个大的沙漠区，如图开沙漠、霍尔果斯沙漠等，方圆上百平方千米，直至中哈边境线。这次考察发现，主要植被有胡杨、梭梭、红柳、沙拐枣等，是土库曼地鸦理想的栖息地。我们在沙漠边缘遇见了秃鼻乌鸦、小嘴乌鸦、喜鹊等鸦科鸟类。虽然，这一次寻找土库曼地鸦没有结果，但这项工作将会持续下去。

土库曼地鸦与白尾地鸦相似，是典型的沙漠地鸦，主要分布在中亚三个国家。因为喜欢在梭梭上做巢，又被称之为"梭梭地鸦"。这是个很少被关注的物种，更谈不上研究和保护了。如国外的文献所述，土库曼地鸦有一个支系生活在伊犁河下游，或被称之为"伊犁地鸦"（亚种），向东溯流而上，分布至东经78° 00'和北纬46° 15'，已经很接近中国的边境了。我们知道，伊犁河源自新疆天山山脉，最终流入巴尔喀什湖。而地鸦的亚成鸟会有数百千米的迁移和游荡能力，特别是在冬季会四处漂泊。

1936年，苏联学者苏基洛夫斯喀雅最早在其《喀什鸟类》中记录到该物种在新疆的分布，目前国内尚无人承认这个记录。所以，这个种非常有可能成为中国的第三种地鸦（马鸣等，2004）。它最有可能出现在新疆的两个地区——伊犁地区（伊犁亚种）或喀什地区（指名亚种）。因为种群数量比较少，呈现点状散布，目前大规模东扩的动力可能还不足。土库曼地鸦已被列入哈萨克斯坦物种保护的红皮书。

土库曼地鸦在四种地鸦中个头最小，与伊朗地鸦大小和形态相似。其全长24～25厘米，体重约90克。通体土灰色，没有花里胡哨的点缀。头顶至上体浅灰蓝色，眼先黑色，前胸有一大黑斑（幼鸟无此特征）。胸以下至腹部沾淡粉色，尾下白色。黑色翅膀，具白色斑。尾羽黑色，泛金属光泽，尾上覆羽比较短。雌雄相似，身体结实，羽翼丰满，与地鸦家族其他成员一样，适宜在沙地上活动，徒步如飞。强有力的喙，近似于头颅的长度。嘴略微向下弯曲，圆的横截面，尖部很锋利。鼻孔位于嘴基部，呈椭圆形，被一束纤毛遮住。

科学家犯迷糊，造成混乱，有的时候也是让人很无奈的。这里，关于"里海地鸦"讲一个莫名其妙、令人不愉快的小故事。就是这个名称，最早在郑作新先生1976年出版的《中国鸟类分布名录》中出现，后来的《中国动物志·鸦科》（1998，科学出版社）竟然演变成了"黑海"地鸦，无中生有，以讹传讹沿用多年。其实，无论是里海、咸海还是黑海，都不应该是地鸦生活的环境，所以我们建议改用"土库曼地鸦"（马鸣等，2004）。或者干脆就用"伊犁地鸦"，清晰明理，相得益彰。这个伊犁地鸦反而是有拉丁名（学名）出处的，有凭有据，源自百年之前的1915年的模式产地文献，其亚种名原来就是如此称呼——伊犁亚种。在亚种升格的大趋势下，甚至已经有人建议将伊犁地鸦独立为种，理由是形态和行为差异，还有一个理由，它与指名亚种相距上千千米，地理隔离亦很久了。

土库曼地鸦之所以被称之为"梭梭地鸦"，科学家有一个统计，其窝大部分建在梭梭上，几乎占64%。剩下的营巢灌木丛是沙拐枣、银砂槐、麻黄、猪毛菜、艾蒿、黄芪等。梭梭是中亚沙漠中的主要固沙植物，极度耐干旱、耐高温、耐盐碱、耐风蚀、耐严寒等，具有诸多优良特性。地鸦通常是在梭梭树的中部做窝，距离地面高度1米左右，一般不超过2米。窝的内侧铺垫致密的羊毛、驼毛和野兔毛，巢顶有盖，可遮挡日晒。在伊犁河下游的地鸦，巢穴离地面的高度为0.15～1.76米，平均为0.83米。除了利

土库曼地鸦喜欢栖息于梭梭灌丛之上

（Andrey Kovalenko　摄）

用梭梭树营巢，地鸦还采食梭梭的果实。在贫瘠的沙海里，因为食物极度缺乏，地鸦的种群密度都非常低，每100平方千米只有3~5只。

地鸦最早产卵是在2月底，最迟至5月，通常是在3~4月。窝卵数4~5枚，极少6枚。通常每年只产1窝卵，除非第一窝失败或者被毁坏，有可能另起炉灶重新来过。卵壳为灰蓝色或灰色，多褐色斑点。雌鸟孵卵，雄鸟为雌鸟提供食物，或者在巢附近巡视。孵化期16~19天。幼鸟为晚成性，6天后眼睛才能睁开，17~18天离巢，但不一定会飞。育幼阶段，双亲携带大量食物回巢，一次可喂2~3只幼鸟。育雏期90%以上为动物性食物，据解剖资料，其他时间食物中动物性成分占了77%，大多数是昆虫。

科学家们发现，制约土库曼地鸦繁殖成功率的主要因素是一类所谓"巢捕食者"的天敌，占了总损失率的88%，这是一个相当高的比例。实际上这种地鸦的窝卵数还是比较高的，达到4.8~5.3枚，比其他地鸦产卵都多。那么，为什么它依然是濒危物种呢？深究原因，可能是植被破坏，特别是违法的开发行为，滥砍滥伐，造成梭梭、红柳、沙拐枣等荒漠植被低矮化。结果，平均巢高只有60~80厘米，这给地面捕食者如蛇、巨蜥、漠猫、狞猫、獾子、虎鼬、狐狸和刺猬等提供了机会。

事实确实如此，与伊朗地鸦相似之处，就是土库曼地鸦及其他荒漠鸟类都具有比较低的繁殖成功率，目前尚不明就里，也无解决之策。显然，杀灭天敌或者要控制这么多种"夜猫子"的数量，是不可能的，这也有违自然法则、伦理道德和物种保护法。研究者从地鸦营巢树种、树高、灌丛盖度、巢高、被捕食时间等方

土库曼地鸦的幼鸟或者亚成鸟，注意幼鸟的胸部没有黑斑，在进化序列上应该排在后面（Georgy Shakula 摄）

面展开调查，记录窝卵数、受精率、孵化率、幼鸟出巢率及被捕食率等，并利用红外相机记录地鸦的窝内行为——繁殖细节和被捕食情况。结果表明，为了避开天敌的危害，荒漠地鸦尽可能早地开始营巢（2~3月）和产卵，这样可以躲过还在冬眠之中的一些天敌，如爬行动物和刺猬等。

地鸦成鸟雌雄相似，但幼鸟通体羽色相对浅一些，较少灰色，胸部无黑斑，伪装色极佳。当幼雏遇到天敌时，在不会飞的情况下，也会提前离巢，它们从小就表现出了大步流星的天赋，是地鸦的独门绝技。关于地鸦巢址选择的策略，充满了矛盾，它们喜欢在尽可能高的位置筑巢，还要有不同大小灌木及植物多样性组合的环境，但树丛又不能太密了，不至于遮挡视线，影响觅食和瞭望。自然界就是这样，万物生长都有道理可循，我们的"顾虑"都是多余的。

　　几种地鸦都有埋藏食物的天性,但是对于生活在沙漠里的土库曼地鸦,定位的难度可想而知,这依然是个谜。还有就是饮水的问题,也是没有记录,需要进一步观察和研究。在夏天,地鸦在沙地上寻找甲虫,有的虫子白天藏在沙子下面,如屎壳郎、塞丽金龟子、长脚金龟子、象鼻虫、叶甲等,它们还捕食大量的甲虫幼虫和蛹。在地鸦育幼的阶段,几乎都是吃沙漠甲虫和幼虫。偶然还有蝎子、戈壁蝉、蝗虫、蚂蚁、毛毛虫(蝴蝶幼虫)、黄蜂、蜻蜓、扁蜻、潮虫(鼠妇)、狼蛛与木虱等。除了无脊椎动物,成年的地鸦经常吃脊椎动物,如旱地沙蜥、布哈拉沙蜥、大耳沙蜥、裸趾虎、网纹麻蜥和细麻蜥等。有一次竟然吞下一只16厘米长的小沙蟒,还有一次吃了只年幼的草原鬣蜥。冬天,在缺乏食物的情况下,地鸦什么都吃,包括路边的垃圾、粪便、运输粮食的卡车漏撒出的麦子。它们通常聚集在牧民的冬窝子里,或者被称之为"庇护所"的地方,如放牧的牲畜群中,不会太冷,还可以在动物的粪便中寻找到食物。

伊朗地鸦或波斯地鸦仅分布于伊朗荒漠地区

（Bijan Farhang Darreh-Shouri　摄）

四、伊朗地鸦或波斯地鸦

　　在伊朗荒漠里生活的这种地鸦，是当地唯一的地方性特有鸟类。它存在于沙漠和半沙漠地区，大部分种群生活在伊朗东部的高原上，海拔900～1950米。尽管它的分布范围向东南延伸一点，抵达伊朗至巴基斯坦和阿富汗的边界，却没有在异国他乡繁殖的记录。

伊朗地鸦也叫波斯地鸦，是第一个被发现和命名的地鸦，亦即是地鸦属模式描述的依据。它比白尾地鸦略小，全长约24厘米，体重85～92克。通体沙黄褐色。眼先的黑色细纹贯通至眼后，鼻须为暗黄色。上体包括头顶、后颈、肩、背、腰沙黄褐色。初级飞羽黑色，中间有宽的白色斑。次级飞羽黑色，端部白色。翼上小覆羽土黄色，中覆羽为黑白二色，大覆羽黑色而具白端（在翼面形成白斑）。尾羽黑色，泛金属蓝光。颏、喉污白色。上胸具一块明显的黑斑（幼鸟缺）。胸斑以下至腹部沙褐色，至尾下变淡。雌雄相似。虹膜黑褐色。嘴黑色，向下有弧度。跗跖灰白色。

一开始，我们会以为是沙漠里的拟戴胜百灵，但仔细看，羽毛颜色和行为都是独一无二的。科学家在早春2月就开始了野外搜寻和观察，步行或者骑摩托，整个过程必须依法依规，还要得到相关部门批准。他们研究的重点依然是与繁殖行为有关的一些内容，如巢址选择、筑巢期的行为、谁来孵化、窝卵数多少、孵化时间长短、繁殖成功率及天敌等。这种地鸦选择在多刺植物的中上部和较密集的部位筑巢，离开地面60～115厘米，最高可达3米。它们比较喜欢在多刺的蒺藜、梭梭、红柳、刺木蓼、中麻黄和广藿香灌木丛中筑巢。

在野外，一旦遇见地鸦，我们就马上紧盯住它的活动范围，尾随和盯梢以尽快锁定其巢穴位置。有一些巢穴可以通过搜索可疑的植物间接寻找到，如高度适中、比较密集的霸王、蒺藜、梭梭、刺木蓼、麻黄类荆棘灌木丛。看着它们出没的地方，就知道这是一种非常辛苦的工作，环境极其恶劣，野外一直要从2月持续到4月底。通常地鸦巢被分为两类，一类是新的或正在建的巢，另一类则是旧巢（过去几年的巢）。新鲜巢的外径20~25厘米，内径15~17厘米，凹深8~11厘米，这显然装不下快速生长中的4~6只幼鸟。

地鸦的巢穴呈圆形的杯状结构，它们的颜色与周围环境相匹配。巢由两部分组成，包含了不同的动植物材料。内层柔软，由植物纤维、家畜毛组成。在某些情况下，羽毛和布条也是常见的成分。外层由细树枝组成，巢的外形通常呈圆柱状。在一些灌木丛中，树冠不是很密集，也没有提供太多的遮蔽和伪装，这时候父母会在巢上建一个10厘米厚的屋顶，类似于喜鹊的窝。这种特殊的屋顶结构，除了挡住阳光直射外，还使巢穴免受捕食者的侵袭。

科学家如何计算繁殖成功率？为了减少人为干扰，最简单的办法是，窝里只要能够见到幼鸟就算成功了。实际上仔细分还要计算三个参数，一个是营巢的成功率，只要有产卵的就算成功了（有卵巢数/总巢数）；二是孵化成功率（孵化数/窝卵数），包括卵的受精率；最后是幼鸟出巢率（幼鸟数/窝卵数），这三个环节有时候很难都观察到。为了防止弃巢事件发生，我们不能够频繁接近巢穴。在产卵期遇到人类干扰，比较容易弃巢，而到了孵化期乃至育雏期，就不肯离开了。地鸦从产卵到幼鸟长大，需要33~37天，平均34天。相比之下，野鸡一个繁殖周期至少需要60天（早成性），兀鹫巢内育雏需150天（晚成性），巢外照顾还有100多天。

它们对地面生活的适应能力很强，如适应快速奔跑的长而有力的腿，以极大的灵活性和弹跳力在灌丛里周旋。那长而弯曲的强喙，极适合挖掘和探测。伊朗地鸦平时是杂食性的，而雏鸟主要以昆虫、蜥蜴为食。因为环境恶劣，夏季炎热，繁殖期比较短，且每年只能产一窝卵。它通常会将多余的食物储存在喉囊中，然后运输至埋藏地掩埋。据外媒报道，科学家在 8 月解剖 10 个地鸦胃，含有小麦、大麦、霸王、瓜子、甲虫和蜥蜴等。显然秋季的食物组成以植物性成分为主，而在春季及繁殖季节动物性食物可能达到90%。分析表明，所食昆虫是以象甲为主的对植物有害的昆虫，这说明地鸦属于益鸟。

早晚出来觅食，避开高温时间。环境温度越高，产卵量越少，这相似于其他地鸦种类。不可思议的是伊朗地鸦的快速产卵，一天可以产下 2～3 枚卵，最快纪录是在 48 小时内产下 5 枚卵，其机制令人匪夷所思，闻所未闻。这种快速产卵，在鸟类中是极其罕见的，观察者怀疑会不会有两只雌性产卵呢？视频监控显示，只有雌鸟孵卵，而雄鸟则在附近巡视和守卫巢区。地鸦的警惕性非常高，在危险的时候，它们会躲藏在多刺的灌木丛下面，借助极佳的伪装色逃生。主要威胁来自于人类的过度放牧和栖息地破坏，羊群与牧羊犬经常毁坏地鸦巢。当然，还有来自于自然界的敌人 —— 喜欢偷卵或吃幼雏的沙漠巨蜥、蛇、老鹰、狐狸等天敌。季节性降雨引发偶尔的洪水，会摧毁一些鸟巢。

伊朗地鸦或者波斯地鸦，图片资料非常少（Roman Nazarov 摄）

　　地鸦的父母各自扮演不同的角色，一旦遇到强敌，会有一些精彩的表演。它们双方都会试图把捕食者赶出巢区，雄鸟的俯冲和大喊大叫，往往会引开天敌。它们还试图通过假装迟钝；好似没有注意到捕食者，若无其事地在地面上觅食，并在捕食者面前走来走去，从而将其注意力从它们的巢穴或幼鸟身上引开。

　　四种地鸦的分布区几乎不重叠，从相互距离分析，伊朗地鸦与土库曼地鸦关系更为密切一些。它们不同于其他分布于中国的两种地鸦，主要表现在以下几个方面，一是在头顶上缺少黑色冠羽，二是尾上覆羽相对短一些，三是腿脚苍白而不是黑色，四是都具有黑色的胸片，五是体长和体重都要小一些。除了上述很明

显的形态差异，在其他方面，它们也有一些不同，如行为、叫声、巢的结构、跑步姿态与幼雏初期发育等。有一些学者根据这些特征，将原来的地鸦属分成了两个不同的"亚属"或者属 —— 波斯地鸦属或者黑胸地鸦属（*Podoces*）和新疆地鸦属或者黑冠地鸦属（*Eupodoces*）。目前分分合合竟然成为动物学界不劳而获的一种坏风气，但关于地鸦的分家一直还没有定论，尚未被大家接受。

第四章

白尾地鸦

马鸣 徐峰 童玉平／文

第四章　白尾地鸦

　　白尾地鸦是中国的特有鸟种，因为生活在西域沙海之中，很少有人研究它和关注它。国外习惯地称之为新疆地鸦，它亦是新疆唯一特有的鸟种，当地人称其为"沙漠鸟"或"沙鹊"。我们认为更恰当的名称应该是以其形态或分布地命名，即"塔里木地鸦"或"塔里木漠鸦"（Tarim Desert Jay）。正因为独特，这里专门开辟一章，重点介绍一些关于白尾地鸦的故事，包括生存状况、繁殖生态、种群数量及其他一些野外调查趣闻轶事。

　　近二三十年来，我们多次穿越四条沙漠公路，甚至徒步横穿，由西向东，获得大量资料。然而，这些都是我们在塔克拉玛干沙漠观测到的表象，通过以下的主观分析和客观提炼，变得有血有肉、生动活泼一些。

一、恶劣的自然环境

我们知道，所有的四种地鸦都生活在亚洲荒漠地区，它们似乎天生就喜欢这种荒无人烟的地方。而白尾地鸦可能更特殊一些，它所分布的塔克拉玛干沙漠，比较封闭，是世界上最干旱的区域——被称之为"旱极"的地方——千百年来是古人形容为"天上无飞鸟，地下无走兽"的死亡之海。

地貌

白尾地鸦分布的塔里木盆地是一个十分封闭的盆地，南北宽500千米，东西长800千米，海拔在800～1700米之间。周围有天山、昆仑山、帕米尔高原等的环绕，山地海拔多在4000～7000米，世界第二高峰乔戈里峰（海拔8611米）位于盆地的西南缘。盆地内有中国最大的沙漠——塔克拉玛干沙漠，其面积约34万平方千米。仅一片沙漠就相当于两个山东省的面积，或者超过三个浙江省的面积。大约85%的地区被流动沙漠覆盖。除此之外，该地区还有宽阔的塔里木河漫流与冲积形成的平原、各支流泛滥平原、昆仑山北麓洪积—冲积三角洲平原、第四纪垄岗地貌、湖积洼地（如罗布泊等）、低山丘陵（如麻扎塔格）岩石地貌等。

不无沧桑，白尾地鸦站立在红柳包沙丘上，这里有它的窝。而环绕沙漠有许多人类古遗迹、古堡、古城、古代三十六国、……（高守东　摄）

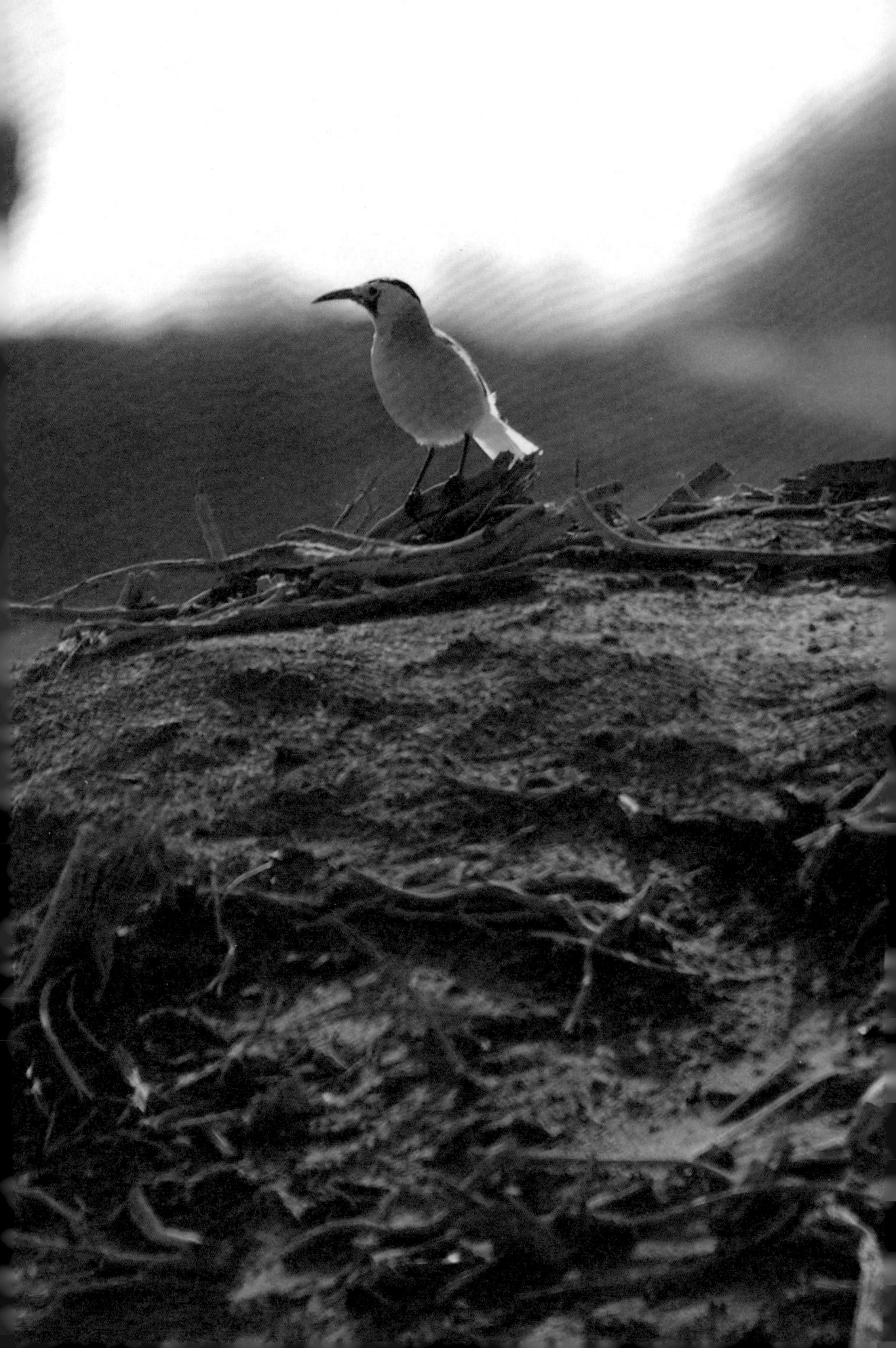

气候

塔里木盆地地处干旱暖温带，大部分地区年降水量不足50毫米，而蒸发量却在2500～3500毫米之间或者更高，蒸发量远大于降水量，两者相差50～80倍。年平均相对湿度在30%～50%，盆地中心或更低。年平均温度10℃～11℃，1月平均温度一般高于−10℃，7月平均温度在25℃～30℃之间，盆地中间可能超过30℃。日温差变化很大，年平均日较差13℃～16℃，最高达25℃左右。热量资源丰富，≥10℃的积温在4000℃以上。无霜期都在200天以上。排除云雨天和沙尘天的影响，塔里木盆地依然是国内日照时数最多的地区之一。光资源极其丰富，有效辐射量居全国前列。春季多风和沙尘天气是这里的另一个特点，对生物危害较大的"干热风"有时一年出现数十次，危害天数超过20天。

河流与湖泊

沧海桑田，曾经的南疆与古地中海或古特提斯海贯通，非常湿润。如今的塔克拉玛干沙漠，深居内陆远离海洋，终年处于干燥少雨状态，水源补给完全依赖发源于周边高山冰川、积雪、降雨所形成的河流或其地下径流。盆地中常年有水的河流有144条，能流入沙漠腹地的河流24条。塔里木河是由诸多河流汇集而成的"母亲河"，全长达2197千米，最后流入罗布泊。在新疆南部年径流量大于10亿立方米的河流有8条，如叶尔羌河、克孜河、阿克苏河（托什干河与昆马立克河）、渭干河、和田河（玉龙喀什河与喀拉喀什河）、开都河等；年径流量在5亿～10亿立方米之间的河流有7条，如提兹那甫河、盖孜河、车尔臣河、克里雅河等；上述这15条大河的总径流量占盆地总径流量的77%。绝大部分河流流程短、水量小，通常是季节性有水，流出山口很快就消失在沙漠里，是完全的内陆河流。尤其是近70年来大规模的农业开发活动，使许多大河流的水被截断，成为饮用蓄水或灌溉农田用水。下游浩渺无边的自然湖泊——罗布泊，曾经是新疆最大的湖泊，已经在1970年前后干涸，变成了盐漠。

土壤

如果沙漠只能作为土壤的原始"母质"来对待，那么要去介绍塔克拉玛干沙漠的土壤就十分局限。因为，大约85%的地方被厚厚的移动沙丘所掩盖着，只有在河流末端、河漫滩和丘间洼地有一些土壤。有人称其为"风沙土"，是否恰当还值得研究。据土壤专家说，在局部地区有棕色荒漠土（棕漠土）、龟裂性土和残余盐土等。它们是在极端干旱条件下，由不同的母质和不同的历史过程所形成的自然土壤类型，具有地带性土壤的特点。

植被与动物

红柳灌丛、胡杨林、旱生芦苇、盐穗木灌丛、罗布麻及叉枝鸦葱群落等，是塔里木盆地的主要植被类型。顽强的生命力，是沙漠生物的特点。植物的分布多呈现地域性，即地带性分布，还有一些植被是隐域性（非地带性）分布，期间生活着一些独特而奇异的动物。

白尾地鸦喜欢在沙丘之间的洼地活动，这里的植
被和食物相对丰富（马　鸣　摄）

红柳灌丛

　　柽柳俗称"红柳"，属于柽柳科多年生耐盐渍的潜水植物，
根系极其发达，在地下水位深度2～5米或更深的地方也有分布。
耐风蚀，也耐沙埋，枝叶能分泌盐分。分布于新疆的红柳，有十几
种，生长高度在1～5米之间。红柳在塔克拉玛干沙漠中心的沙山
之间也有自然分布，有时形成巨大的红柳包，连同沙丘的高度可
达7～10米。

　　红柳是白尾地鸦营巢和栖落的主要灌木树种，因此我们亦
称这种地鸦为"红柳地鸦"。在红柳灌丛中活动的脊椎动物有
50～70种。如哺乳类中的大耳猬、赤狐、野猪、塔里木马鹿、鹅
喉羚、野骆驼、塔里木兔、小林姬鼠、印度地鼠、跳鼠和沙鼠等。
鸟类中的一些多为迁徙路过的种类，如白尾鹞、欧夜鹰、短趾百

灵、荒漠伯劳、灰伯劳、蓝点颏、漠鹏、文须雀、山鹛、林莺、漠
莺、黑顶麻雀、漠雀及巨嘴沙雀等。爬行类独具特色，如叶城沙
蜥、快步麻蜥、岩蜥等。其中雀形目小鸟和啮齿类动物占有相当
大的比例。

胡杨林 —— 杜加依植被

隶属杨柳科的胡杨，在当地被称之为"梧桐"，主要沿着季节
性河流分布，因此环境中的水分条件要好一些。据《新疆森林》
(1989)，胡杨是适应于大气干旱而土壤却较湿润环境条件下的中
生性潜水植物。通常分布在河的两岸、沿线及尾闾，或地下水丰
富的古旧干河床上，塔里木河流域是其最集中的分布区。在和田
河、克里雅河、安迪尔河、喀拉米兰河、尼雅河、车尔臣河、孔雀
河等也有分布。

以胡杨林为代表的植物类群，有时被称为"杜加依植被"。杜
加依植被是指在中亚贫瘠地区的河流和湖泊周围的植被，这种植
被主要依赖季节性洪水繁衍和扩散，随着河道的改变而迁移。具
有非地带性或隐域性特点，其主要的分布地区为塔里木盆地（约
占世界总量的40%）。胡杨是杜加依植被里的最重要的组成部分，
其他植物还有灰杨、红柳和芦苇等。

中亚干旱地区都有胡杨林分布，其中的动物组成比较丰富。
在新疆南部荒漠地区，胡杨林中的动物组成相对比较丰富。根据
历年的调查，鸟类约有140种，哺乳类30余种，爬行类有10多种，
两栖类1种。鸟类中的代表种如黑鹳、小苇鳽、赤麻鸭、黑鸢、雀
鹰、棕尾鵟、鹗、环颈雉、红嘴鸥、欧鸽、灰斑鸠、纵纹腹小鸮、戴

胜、欧夜鹰、楼燕、白翅啄木鸟、荒漠伯劳、灰伯劳、紫翅椋鸟、
小嘴乌鸦、蓝点颏、漠鸭、山鹛、林莺、黑顶麻雀、巨嘴沙雀等。
兽类有大耳猬、蝙蝠、赤狐、野猪、塔里木马鹿、鹅喉羚、塔里木
兔等。爬行动物有塔里木鬣蜥、新疆漠虎、快步麻蜥、棋斑游蛇、
花条蛇等。

　　大约在一百年前，胡杨林曾经是新疆虎的栖息地。瑞典著
名的探险家斯文赫定就见过这种老虎，在当时是比较多的一种老
虎，甚至形容像狼一样多。随着人类大举入侵，作为老虎的一个
重要分支，新疆虎亦灭绝了。这是我们这一代人犯下的错误，是
一个永远无法挽回的损失。

旱生芦苇群落

　　在沙漠腹地的丘间洼地上分布有大面积的沙生芦苇，为多年
生禾本科植物。它具有长而粗壮的根状匍匐茎，竟然可以生长在
完全无地表水的沙漠里，个头比较低矮，地面生长高度仅1米多，
而地下的部分达二三十米。许多沙漠动物都是通过取食芦苇的匍
匐茎和着生在其上的芽，获取水分、蛋白质和糖分。被认为是沙
漠"甘蔗"——无毒和多汁的特点，对于动物包括人，它就是一
种救命植物。

　　在旱生芦苇群落里，分布的动物有赤狐、塔里木兔、野骆驼、
印度地鼠、小林姬鼠、苇莺、林莺、黑顶麻雀、文须雀、叶城沙蜥
等。在沙漠里白尾地鸦的活动区域与芦苇密切相关，特别是在沙
漠腹地，可以遇见白尾地鸦在芦苇丛中穿行和觅食（刨食），芦苇
是其四季的主要食物和水分来源。

盐穗木灌丛

藜科的耐盐植物——盐穗木，主要分布于盐渍化荒漠中，属于高泌盐植物。生长高度可达2米，枝冠比较茂密。有时与盐生的肉苁蓉（大芸）、芦苇、红柳等共同组成群落，被沙丘包围着。我们注意到，在民丰至且末一带，昆仑山北麓有一个泉水溢出带，其间的盐漠上生长着一些耐盐植物。虽然环境恶劣，水质亦很差，但作为一种隐蔽性极佳的矮灌木，盐穗木灌丛偶然会被白尾地鸦利用来搭筑巢穴。其他能见到的动物还有金睚鸰、欧鸽、欧夜鹰、塔里木兔、鹅喉羚、野猪等。

罗布麻群落

开着粉色小花的罗布麻，属于夹竹桃科植物。多年生草本，高度达1米左右。主要分布在地下水位较高的丘间地和河流下游

白尾地鸦正在芦苇丛中寻找食物（魏希明 摄）

的冲积扇缘，通常与胡杨或甘草等同域分布。植株密度大，隐蔽性好，是白尾地鸦栖息地和觅食场所。该群落的动物还有麻蜥、沙蜥、野骆驼、塔里木兔、赤狐、毛腿沙鸡、伯劳、沙百灵、山鹛等。

叉枝鸦葱群落

菊科的叉枝鸦葱，具有鲜黄的舌状花朵，或被称之为"河西苣"，属多年生草本。亦有根状茎，枝叶富含乳汁（可药用），高度低于0.8米。生长于荒漠地带，包括戈壁冲沟、沙地、农田边、丘间洼地等。1997年，我们在横穿塔克拉玛干沙漠考察野生动物资源时发现，在沙漠中间潮湿的丘间地上有成片的叉枝鸦葱分布，有时与喜湿的芦苇同域分布，是很好的牧草。亦是评价土壤水分含量和寻找地下水源的指示植物之一。该群落动物种类除了白尾地鸦，还分布有沙蜥、跳鼠、沙鼠、塔里木兔、赤狐、鹅喉羚等。

快看，一只白尾地鸦正在掏挖沙鼠的洞穴，双方对峙；而另外一只地鸦在抢夺塔里木兔的食物，互不相让（马光义 王洪运 摄）

二、种群分布与数量

关于"狭域分布种",是一个什么概念,我们查不到准确的定义。地球上的物种,就分布区的大小来说,可以分为广域分布和狭域分布两种类型。前者的分布区广阔,通常遍及各大洲,后者的分布区只限于局部地区,但二者的划分没有绝对的界线。以白尾地鸦为例,是一种极端的情况,具有行为保守性、生境特化性、分布范围局限性和没有迁徙能力等特点,可能决定了其的狭域性。还有就是种群数量被认为属于"极小种群",处于濒危状态,可以按只计数的物种,就可以算是狭域分布的物种吧。

分布

白尾地鸦被外国人发现和科学定名是在1874年,模式标本产地为新疆的巴楚县,地理位置在塔克拉玛干沙漠西北角,叶尔羌河的下游。

目前的分布区包括巴楚、莎车、皮山(固玛)、麻扎塔格、墨玉、马亚克墩、塔瓦克、和田、洛浦、策勒、于田(克里雅)、琼麻扎、达里雅博依(大河沿乡)、马坚勒克、民丰(尼雅)、阿克墩、牙通古斯、安迪尔、博瓦库勒、肖尔堂、且末、塔他让、阿克艾列克、瓦石峡、塔什沙侬、若羌、阿克苏、阿拉尔、阿瓦提、沙雅、轮台、轮南、草湖、肖塘、哈德油田、库尔勒、普惠、尉犁、塔克拉玛干沙漠腹地(塔中)、沙漠公路沿线、罗布庄、大西海子、阿拉干（阿尔干）、库尔干（考干）、米兰等，涉及新疆南部20多个县市的数百个分布地点。近年研究发现，白尾地鸦种群有向东扩的趋势；2010年5月我们在罗布泊盐漠拍摄到白尾地鸦，之后有人在甘肃西部亦发现了白尾地鸦踪迹。

近三四十年来，有关我们在新疆南部地区的考察活动，包括1987～1992年昆仑山—喀喇昆仑山综合科学考察；1989～1995年塔克拉玛干沙漠综合考察；1997年春季中日徒步横穿塔克拉玛干沙漠探险活动；1998～2001年，与香港观鸟会同仁深入沙漠腹地（39°27′N，83°54′E），调查白尾地鸦及其他鸟类的活动规律。期间，香港观鸟会"中国环境保育基金"首次资助我们开展

白尾地鸦一家在寒冷的季节喜欢
聚集在一起，好像是枯枝开花了
（王洪运 摄）

"白尾地鸦的分布状况及其保护"项目,野外调查涉及南疆各地近30个县市,累计调查时间约60天。2002～2019年间,"白尾地鸦研究小组"还多次得到国家自然科学基金资助和世界自然基金会小额资助,在塔里木盆地三条沙漠公路沿线及民丰县牙通古斯与安迪尔之间展开调查。

结果表明,白尾地鸦所有的分布点都局限在沙漠环境之中,其分布格局十分独特,有别于其他几种地鸦。是鸟类中罕见的能适应于流动沙漠环境的物种,可以说是极其特化的物种。

种群数量

在沙漠之中进行鸟类数量统计,具有相当大的难度。根据常年野外考察经验和数据分析,白尾地鸦的数量调查关键是要解决两个问题 —— 种群密度和分布面积。

其分布面积不一定就是沙漠面积,对于一个狭域分布的物种,需要找出一个合理的比例(%)或参数。野外密度调查要有一些先决条件,这样展开抽样时,可能会简单一些。首先,假设在单一的沙漠环境中,地鸦分布相对均匀,通常出现于沙丘之间低洼的区域。其次,不同于其他鸟类,白尾地鸦很少远距离飞行,也不迁移。因此,路线统计时较少重复记录。三是白尾地鸦是沙漠环境中较大的土著鸟类,叫声特殊,野外驱车或徒步调查统计时(样带宽度:100～1000米),个体易于被发现和识别。四是我们在野外未见集大群的现象,通常地鸦习惯单个或成对活动。五是选择合适的调查时间,解决季节性波动问题,如春季路线统计的"遇见率"显著低于其他季节,原因可能与繁殖期有关。

如果按照白尾地鸦的适宜栖息区域的面积占塔克拉玛干沙漠面积的40%计算,其分布面积约为13.6万平方千米。根据多年野外调查数据统计,估计其分布密度为每100平方千米3~5只,则白尾地鸦的数量(=分布面积×调查密度)在4100~6700只之间。显然,这是一个比较保守的数字。

当然,分布区域的局限性、封闭性和恶劣的生存条件,制约了白尾地鸦的种群密度,这也是其被国际动物保护组织特别关注的主要原因。近年,随着保护力度加大,白尾地鸦种群数量有所恢复,并且出现了密度"饱和"与"东扩"的趋势,已经有人在甘肃西部的敦煌附近发现了其踪迹。

三、繁殖生态

　　有关白尾地鸦的繁殖习性，几乎没有研究文献可查。一些零星资料并不能勾画出其繁殖的整个过程。由于所处的地理位置，几十年来没有人能够涉足塔克拉玛干沙漠去深入考察该物种的繁殖状况。至20世纪90年代，随着石油勘探、开发及沙漠公路网的贯通，鸟类学者有较多的机会进入沙漠腹地追踪白尾地鸦。但是，1991～2000年间的工作重点主要在分布与数量方面，依照当时的资金和设备条件，寻找繁殖地依然是非常困难，数据也很粗糙。

　　2003～2019年的调查，先后找到白尾地鸦巢50余个，巢穴的有效利用率比较低，一般低于20%。以下通过野外观测的自然繁育记录和故事，解读调查的结果。

巢及其结构
　　自从2003年首次获得国家基金委员会的资助，我们便开始了国内第一个地鸦专项研究。首先是开始了

在塔克拉玛干沙漠里寻找白尾地鸦巢是一件难度很大的工作，最终我们在灌丛里找到了一个地鸦巢（马　鸣　摄）

解地鸦的营巢环境，2003年3～5月的初步调查显示，白尾地鸦的生活区域分布有罗布麻、红柳、胡杨、骆驼刺、芦苇、叉枝鸦葱、盐穗木和甘草等。白尾地鸦繁殖分布区的海拔高度在780～1500米之间。在繁殖期，这种地鸦通常喜欢结对活动，繁殖期能发出"嘀——，嘀——，嘀——，嘀——"的鸣叫声，如同银铃一般。

一开始我们费尽心机也找不到巢，因为其数量太少了，行为又十分诡秘。后来经过访问当地牧民，才发现其营巢的规律和处所。简单分析，地鸦巢穴多建于小胡杨树上或红柳灌丛之中，通常不会离开地面太高，偶然也利用盐穗木灌丛搭建巢穴。约有5种巢址类型，包括较为平坦地貌环境中的胡杨树巢、平坦地形中的灌丛巢、地面有起伏沙丘的矮怪柳包巢、沙漠腹地高大的怪柳包中巢、沙丘地面或近地面巢等。

在第一年找到的几十个巢穴中，被利用的只有9个，样本量有一点点偏低。巢外由松散的树枝构成，形状并不规整，类似于其他鸦巢或鹊巢，属于沙漠中间最大的鸟巢，直径26～55厘米。巢内呈深杯状，内垫致密的羊毛、干草、枯叶及其他兽毛，如驼毛或马尾等。有的地方，还会有一些多毛的种子（棉花毛絮或鸦葱籽絮）、柔软的胡杨树皮纤维、人造编织物（如麻袋片或毡片）和小动物毛发等。

繁殖期的地鸦太谨慎了，一不小心就会弃巢。为了不干扰其繁殖，在其产卵过程中，尽量不去接近它。在产卵和孵化阶段，巢内径比较小，直径10～13厘米，随着幼鸟的出壳和迅速生长，拥挤不堪，巢内径会逐渐扩大。巢深也会随之变化，在7～16厘米之间，从深杯状逐渐变成开口的碗状。巢离地面的高度因灌丛的

白尾地鸦巢的内部结构极为致密，保暖性非常好，令人意外的是窝的装修材料有一些是"人造"的垃圾（徐　峰　摄）

形状不同和风沙状况而有区别，在地势平坦的灌木林中，巢多高于地面0.8～1.7米，最高可达2.0～2.3米。而在风沙较大的地区，巢多位于高大红柳包的侧面（避风处），有时会紧贴地面，如A-03号巢。巢的位置通常是隐蔽的，有致密的枝条遮挡，不易被狐狸或野猫触及。有时候你看不出荒废的红柳包下面会有一个巢穴，紧贴着沙包的地面，不容易被发现，是风沙吹不进、日晒不着的避风港。

有一年的 4 月，我们在轮台南部的肖塘附近一个巨大柽柳包灌丛中找到一个旧巢。这个巢比较精致，其外径 26～28 厘米，内径 12～15 厘米，巢体高 10～12 厘米，巢深 5 厘米。巢位于红柳包避风的一侧，红柳包的高约 3 米。通常一个巢附近都有数个副巢（或旧巢），相距 50～200 米，所谓狡兔三窟。估计是同一个家庭营造的，每年使用不同的巢，很少或不用旧巢，这样可以减少巢穴里残存的体外寄生虫对幼鸟的伤害。

因为栖息环境特殊，白尾地鸦与其他集群营巢的鸦科鸟类（如寒鸦、小嘴乌鸦、秃鼻乌鸦）不同，在相当大的范围内只能见到一个繁殖对单独营巢，巢密度非常低。按照种群密度推算，方圆几千米只有一两个繁殖巢或者繁殖对。

窝卵数与孵化

白尾地鸦产卵期在 3～4 月，而在塔克拉玛干沙漠南缘，地鸦最早在 2 月下旬就开始产卵了，因为那里春季物候回暖要早一些。据早期外国探险家的记录，窝卵数 3～5 枚，卵的外径为 33 毫米×23 毫米。近 20 年来，我们在民丰县牙通古斯和安迪尔绿洲等地调查，今非昔比，最多只见到窝卵数为 3 枚的记录。

地鸦卵为椭圆形或卵圆形，底色为淡青灰色或淡灰褐色，有不规则的深褐斑，钝头的深褐斑较为密集。鲜卵重 8～10 克，窝卵数不确定，或 1 枚，或 2 枚，最多 3 枚。

窝卵数可以衡量地鸦的繁殖能力，与150年前相比，窝卵数明显下降，减少了20%～40%（徐　峰　摄）

　　孵化阶段，双亲十分机警。外出归来，并不直接飞进巢中，而是在距巢穴20～50米即先落地，绕来绕去，穿梭于灌丛间，步行至巢下，然后跳上灌丛，潜入巢穴。离巢时更是如此，神秘无声，悄然而迅速，不让人看见。双亲通常不同时出现在巢区（与育雏期不一样），由于行为太诡秘，雌雄难辨，是否轮换孵卵，一

孵化期间，雄鸟大献殷勤，经常给雌鸟提供
食物（课题组录像截屏）

开始尚不能肯定。后来经过红外相机拍摄，确认都是雌性孵卵，
雄性负责警戒和寻找食物。卧巢时亲鸟深伏于巢内，偶然露出
白色尾羽。从时间上推算，在民丰最早2月底进入孵化期，3月
中旬已经有出壳的雏鸟了，孵化期20余天。然而，至4月底个别
亲鸟依然在孵化，虽然夏季高温将至，5月初也可以遇见不会飞
的幼鸟。

雏鸟及双亲抚育

雏鸟晚成性，如果没有双亲照顾，很难存活。刚出壳时，幼雏体重约5克，通体裸露，双眼闭合。头顶至枕部有白色细绒毛，肩部和两胁也有细胎毛。双亲共同轮换育雏，进进出出，勤勤恳恳。刚开始雌鸟守护时间多一些，一旦雏鸟有了羽毛，雌鸟就不再守在巢中。

2003年4月2日，对牙通古斯Y-01号巢进行了全天11小时的连续观察（见观测日记）。亲鸟全天来回喂食至少42趟，平均每小时喂4~5次。亲鸟带回昆虫、蜥蜴等，通常每次只能喂1只幼鸟，偶然2只。在Y-01号巢穴，共有3只即将离巢的幼鸟，体重已经接近100克，食量较大。2018年春季，在一颗胡杨树的上部4.5米处发现一地鸦巢，这是目前记录到最高的地鸦巢（之前有一个记录是2.3米高）。巢内幼鸟体重100~110克，万不得已，可以提前离巢了。

亲鸟每次归巢时，距离鸟巢20~40米时会发出信号（低声鸣叫），幼鸟很快有反应。成鸟喂食时，只在巢内停留10~15秒，待快速喂完食后，立即匆忙离去。双亲不同时进巢，但有时候前后时间相距很近。清理粪便是喂食后的习惯动作，成鸟将头伸入巢底或幼鸟的尾下，衔出稀团状"粪囊"迅速离开巢区，或吞食，或飞离后丢弃，巢内及附近保持洁净。寒鸦、红背伯劳等也有类似行为。

　　繁殖期亲鸟的机警, 都与天敌捕杀幼鸟的压力太大密切相关。1989年5月2日, 我们在民丰的安迪尔, 见到当地人捕捉到1只才会飞的白尾地鸦幼鸟。同年5月13日, 我们在墨玉的玛亚克墩, 采集到1只才离巢的幼鸟标本。而2003年4月初已经遇见才出巢的幼鸟, 飞行能力比较差。Y-01号巢的幼鸟是在4月5日离巢的, 此时幼鸟并不具备远飞能力, 多在地面跑动, 遇到危险立即隐匿于灌丛下, 利用上好的伪装色躲避天敌。红外相机曾经录下棕尾鵟或黑鸢偷食幼鸟的画面, 亲鸟在旁边惊叫。

即将离巢的幼鸟，羽毛丰满，体重已经超过100克（马 鸣 摄）

地鸦幼鸟的成长速度令人诧异，超乎意料。它们实际在窝内的抚育期很短，为半个月到二十天。为了躲避天敌，如猛禽、狐狸、蛇等，幼鸟会提前离巢，在巢区附近活动，继续得到老鸟喂的食物，巢外的育雏期要维持相当长的时间。幼鸟提前离巢这一现象与伊朗地鸦极其相类似，这也证实了地鸦自幼就开始练习在沙地上奔跑如飞了。当遇到亲鸟报警时，幼鸟会依靠极佳的伪装色，立即就地卧倒，或快速躲入灌丛，很难被天敌发现。

白尾地鸦食物包括金龟子、伪步行虫（漠王甲）、蝗虫、蜥蜴、植物果实、种子、苇叶（芽）、叩头虫、双翅目幼虫、谷物等，属于杂食性鸟类。但观察表明，育雏期的食物以昆虫和蜥蜴等动物性食物为主。2003年6月25日解剖1幼鸟的胃，含完整的步行虫、伪步行虫或金龟子等，偶尔也食我们投放的饼干或者馕饼等。

后记：一次有趣的观察笔录节选（马鸣，4月2日）

早晨天不亮，我和王传波就离开了牙通古斯营地。太阳是在6:27露出地平线，升上沙丘。

进入观察区，发现2号巢的幼鸟已经离开。我们潜伏起来，锁定了1号地鸦巢。采用全行为扫描法，2只亲鸟、3只幼鸟都不放过。为了防止犯困和漏记，我们两个人换着观察。当然，后来有了红外相机（探头），方法改进，就成了昼夜行为全记录了，这是后话。

6:50，成鸟在东边枝头上发出警觉性的鸣叫，显然它已经发现了我们。而发情的山鹛也在附近低吟，其鸣唱声比较委婉，是在呼唤配偶呢。听到亲鸟报警，窝里小家伙们都爬得低低的，不敢吱声。

大约7:00，亲鸟开始育雏，顺便叼出幼鸟的粪便。我们在比较远的地方观察，尽量不干扰地鸦的正常生活。透过单筒望远

每次亲鸟回来都不着急直接回窝，而是落在巢的附近，小心谨慎地绕来绕去侦查一番，才迂回进窝（徐峰 摄）

镜，看到幼鸟血红色的口腔，具有如饥似渴的诱惑力。亲鸟对我们不放心，站在枝头上盯着我们看了几分钟，之后就飞走了。

在最初的半个多小时，亲鸟至少喂食4次，每次喂食花费10～15秒钟，非常迅速。幼鸟已经会伸展翅膀，抖动身体，梳理羽毛。显然，早晨起床后的首要任务不是吃早饭，而是运动、排泄、伸懒腰，然后梳妆打扮，美美地迎接新的一天。

8:00～9:00，每次成鸟回窝的路线和方向都是不一样的，显然双亲的觅食地点不固定。一只成鸟高高立于树梢观望，似乎是在放哨。这时候幼鸟比较活跃了，都站起来了，开始争抢食物。有一次几乎被撞翻，差一点掉下巢来，太危险了。巢的内径只有10～13厘米宽，外径不到30厘米。显然，现在3只幼鸟是有一点拥挤了。

根据之前的测量，幼鸟体重已经接近110克，体长约22厘米，随时都可能离巢了。4月初的沙漠，温度上升非常快，小鸟已经开始口渴，嘴巴张开喘气（散热）。一只戴胜从附近飞过（迁徙中），幼鸟误以为是妈妈，呼叫起来。但很失望，因为并没有亲鸟回应。

上午9点，两只成鸟同时飞回来了，这还是头一次。上午，喂食频次都控制在每小时4～5次。小家伙急不可待，一有动静就都站起来，伸出脖子张望，或发出乞讨的声音。可能胃动力增加，有一点食不果腹。亲鸟有时候匆匆忙忙，将食物直接塞入幼鸟的喉咙里，扭头就离开了。它好像都知道该给谁喂，不假思索。附近有人挖大芸，显然干扰了喂食的进度。

肉眼与电子眼结合，根据红外探头录制的画面，我们可以观察到白尾地鸦整个孵化和育雏的过程，24小时不间断。但是，探头的范围有限，亲鸟的活动大部分看不见，所以现场观察、聆听、感受，十分必要。

沙漠里昼夜温差比较大，相差15℃～20℃，昆虫到这时候才多了起来。有一次注意到亲鸟带回许多食物，一次也可以像其他鸟一样喂饱两三只小鸟了。亲鸟采用两种方式携带食物,嘴尖衔着,一次只能喂一只幼鸟;如果是含着,可以一次携带比较多的食物,就是食物藏在舌下囊中,这样就可以一次多喂几只幼鸟了。

上午10~11点,喂食频率加快,亲鸟每隔10~12分钟回来1次。发现附近的3号巢内有了1枚卵,显然孵化期从2月至4月,大家可能不同步。通常地鸦一年只繁殖1窝,除非巢或卵被破坏,才会补下1窝卵。

在新疆南北物候差异比较大,一些候鸟还在迁徙中,而沙漠地鸦却要完成第一波繁殖了。中午,小鸟开始蹲在巢边乘凉,气温已经上升到了20多摄氏度。真真切切,我们又一次观察到亲鸟

中午亲鸟带回了一只大蜥蜴,硬是塞进了幼鸟喉咙里(地鸦课题组录像截屏)

吞食幼鸟排泄的粪团。这些幼鸟都是"直肠子",排泄速度很快,可能吸收得不怎么样。还有就是鸟类不直接排泄尿液,而粪便中含有一定的水分和养分。所以,成鸟可能再进行二次消化和吸收,而不至于浪费食物。

12:44,亲鸟带回了一个比较大的食物,仔细观察,是一只灰白色的蜥蜴(沙蜥或麻蜥)。红外自动相机也记录到了亲鸟带回蜥蜴,活生生塞进幼鸟口腔中,有一点恨铁不成钢。显然,3~4月南疆一些冬眠的刺猬、老鼠、蜥蜴、昆虫都开始苏醒了,到中午活动出现一个小高峰。

到13~14点,沙漠中温度骤然达到最高30℃以上,所有的动物都躲了起来。幼鸟有一段休息时间,喂食频率也减慢了,大家都小睡一觉吧!

行为观察,幼鸟休息期间之间会互相理羽,这是很重要的行为,是初步开始学习关怀和社会交流(社交)的行为。观察幼鸟自己梳理羽毛,也很有意思。它们先是整理胸部和腹部,然后是背部和肩膀,最后梳理大腿两侧和翅膀。除了用嘴,还用爪子挠够不着的地方。有时候,亲鸟将食物投放在巢边,让幼鸟自己练习,怎么样去争夺、游戏、捕捉、分解、进食。显然,衣来伸手、饭来张口的日子,很快就要结束了。

15:03,一只攻击性比较强的灰伯劳,低飞而过,难道也开始繁殖育雏了?灰伯劳个头较大,体长22~25厘米,十分凶猛,捕食比较大的昆虫、蜥蜴、小鸟、鼠类等。在沙漠中,猛禽、伯劳等应该与地鸦是"协同进化"的关系,通过竞争、压迫、攻击,提高地鸦的生存能力。

15:31,小鸟开始运动,练习伸展、扇翅、弹跳、抖动。这时候的巢穴,已经被幼鸟折腾得不成样子,几乎要被踩扁或踏平了。原来的杯状巢,基本上成了碗状或盘子状。当然,地鸦的窝很结实,内垫致密的兽毛,外面的枝条编织在一起,看上去就是一个筐子,经得住小家伙们的折腾。

下午,沙漠里开始起风沙,气温骤降,小鸟们哆哆嗦嗦,出现发冷的状态,都挤在了一起。17~18点,亲鸟喂食次数减少,有一次回来,竟然没有携带食物。本来傍晚会有一次喂食的高峰,也因为天气突变而没有出现。

18:10,风沙蔽日,天空突然昏暗下来。幼鸟低卧于巢内,挤在一起几乎都看不见。亲鸟不知道躲到哪里去了,并没有回窝护幼。20:30,结束观察,返回营地。今天,全天观察11小时,喂食42次,每小时4~5次。

四、掩埋食物的策略

　　动物会储藏多余的食物，无论是兽类，还是鸟类，这是一个很有趣的事情。

　　动物的智慧，很难为人类所理解，了解也甚少。鸦类通过定位和记忆，而不是依靠嗅觉或随机碰运气，找回埋藏的食物，其进化程度显然高于其他动物。鸟类在这方面有许多特异功能，除了定位，迁徙期的导航能力，人类肯定是自愧不如。

黑尾地鸦正在偷偷摸摸地埋藏一枚荒漠伯劳的卵，这是一个非常罕见的案例（Magnus Hellström　摄）

贮食动物依赖储藏食物,度过冬季食物短缺期。动物贮食过程,包括寻找食物、选择、采集、处理、搬运、放置或掩埋、保护和找回、食用等复杂环节。实际上只有少数鸟类具有贮食的行为,如鹰隼类、猫头鹰、啄木鸟、鸦类、伯劳、山雀等。鸟类贮食行为被认为是较高级的觅食策略,它意味着鸟类具有在时间上、空间上控制食物可获得性的能力。如果环境中的食物受限,例如食物缺乏、所采食的生物生长周期性变化、气候变化、觅食危险性增大等,贮食鸟类就可利用贮备物度过艰难时期。而非贮食鸟类就可能被迫漂泊、迁徙或因挨饿而丧失体重直至死亡。

关于动物贮存食物的研究,智商较高、记忆力较强的鸦类是人们进行实验的重点。以星鸦为例,贮食过程可以分成4个步骤。一是选择与加工:它们首先要确定什么样的食物可以长期储存,比如坚果、种子等有外壳包装的食物。星鸦比较喜欢吃油性大的松子,在获取松树球果后用锋利的长喙去除果壳啄出松子,吞入专门暂存食物的舌下囊中。二是搬运:将食物从采集地运到储藏处,通常飞行至林外远处,方圆几千米,甚至十几千米以外。为了掩人耳目,星鸦会绕来绕去,甩掉尾随的偷窥者。三是放置:选择好贮食点,从囊中吐出松子,用喙插入土壤中,每点一至数粒,贮点少则可能几个,多则甚至上千个。四是隐盖与标记:为防止食物被其他个体采食,星鸦会将泥土或杂草覆盖在松子上,然后压上一块小石头作为记号。

有中外学者研究星鸦,发现其舌下囊一次可以装入30~50粒松子,飞出2~5千米之后将其埋藏,一个季节可储藏1.6万~3.2万粒松子。

动物储藏类型，通常分为"分散贮食"和"集中贮食"两种，鸦类属于分散贮食。储藏的食物包括坚果、小型无脊椎动物、腐尸或其他杂物，有时还包括漂亮的金属物件。星鸦的记忆力极强，可以找回储藏时间长达1年的食物。重新找回的概率也非常高，在野外和实验室的观察表明，鸟类找到埋藏食物的概率在50%～90%之间（找到埋藏食物点数/寻找次数）。鸟类储藏食物的地点，有地面土层（鸦类）、洞穴（猫头鹰、啄木鸟）、巢内（草鸮、仓鸮）、树杈（鹰类）、枣树刺上（伯劳）和树皮缝隙（松鸦、山雀、鸫）等不同的地方。

1998年9月16日～10月12日在野外考察过程中，我们首次在塔克拉玛干沙漠腹地记录到白尾地鸦的贮食行为。当我们将馕的碎片丢弃在路边时，机灵的白尾地鸦很快发现并开始搬运食物，

在塔克拉玛干沙漠我们曾经做了一次有趣的行为试验，看白尾地鸦如何搬运和储存馕饼（Tim Worfolk 录像截屏）

它们似乎不急于填饱肚子,而是先运输和埋藏。在最短的时间里清理完现场,不给其他动物或风沙留下太多的机会。

那么,在狂风肆虐又变幻莫测的茫茫沙海中,白尾地鸦是怎样找回储藏的食物的?根据试验,鸟类不可能像兽类通过嗅觉去找回食物,更不会像食肉类撒尿来标记埋藏地。那么唯一的方式就是视觉定位,而在沙漠里这种定位是否管用?流动着的沙丘,一望无际而单调的地貌,随机搜索无疑是大海里捞针!目前,关于鸟类储藏食物的研究仍不够深入,在中国国内几乎没有人从事这项研究,有许多现象未被人理解,也解释不了。

在2017年的4月,我们有幸再一次观察到白尾地鸦的贮食行为。通常储存食物都是在秋季,为寒冷而漫长的冬季做准备。为什么地鸦春季也贮食,匪夷所思。可能环境太恶劣了,食物太匮乏,任何季节都不可懈怠。或者仅仅是一种繁殖期的习惯,为育雏而准备。观测地点是在新疆南部和田地区民丰县,当时是上午,我们在路上偶遇了一只出来觅食的白尾地鸦。它在沙丘上这儿啄一下,那儿啄一下,估计是在找沙土里的虫子,或者蜥蜴什么的。

之前有报道称白尾地鸦会取食游客们留下的面包屑等食物残渣。所以,我们突发奇想,想看看白尾地鸦取食了食物残渣后会怎么处理。刚好在我们的车上有一些早餐吃剩下的饼子,于是就把剩下的饼分成小块撒在它活动区域附近,然后我们回到车上用双筒望远镜观察,看看它会怎样处理这些食物。

白尾地鸦会认真对待每一块食物，吃不完就储存起来
（魏希明　马光义　摄）

　　在车上观察了一会，我们观察到一个有趣的现象。白尾地鸦在我们撒的食物周围转悠了好一会，然后用嘴叼起碎饼块，快速找了一个草方格附近的位置放下，然后用喙和爪子在地上刨了一个小坑，把刚才叼的碎块藏埋起来。这样的行为连续了好几次，几乎把我们撒的碎块都藏埋了起来。但是，我们观察了一下藏埋的位置，并没有发现什么规律，好像连标记什么的也没有。因此，我们非常好奇，到时候它要依据什么来找回自己藏埋的食物呢？

　　沙漠是一个非常特殊的环境，对于在沙漠繁殖的鸟类来说如何获得食物是一个很大的问题，因此有贮食行为的白尾地鸦就显得很聪明了。至于之后它要如何找到这些藏埋的食物就有待我们继续观察和研究了。

　　有时候鸟类埋藏的食物并不意味着日后就都能食用，如果被埋藏的是一个生物繁殖体，如虫卵、蛹、植物种子或果实等，时机成熟随时都可能孕育出新的生命，这样鸦类就可能又成了其他物种的传播者或播种机。可见鸦类在生态系统中的功劳应该是很大的。

五、沙漠公路对地鸦的影响

从道路对鸟类影响的研究结果来看，负面报道较多。这体现在许多方面，最直接的负面作用是鸟撞，即大家说的"路杀"。鸟撞也是动物保护中比较受关注的领域。确实，科研人员和动物保护爱好者们调查都发现和记录了大量的鸟撞事件，几乎各种体型的鸟类，都有被道路上疾速行驶的汽车撞击致死的记录。我们在新疆各地调查过程中，也多次记录了这类撞击事件。被撞的对象有鸟类、有两栖爬行类、有哺乳类（兽类），就是习惯了和人生活在一起，习惯了过马路的家畜和宠物也一样难以避免这种被撞的厄运。这是道路对野生动物的首要危害！此外，道路对鸟类的间

滚滚车轮下的白尾地鸦
（马 鸣 摄）

接危害还体现在其他方面,比如噪声干扰、尾气污染、重金属污染、强光等,这些对鸟类来说都是绝对的负面影响。

说了这么多负面效应,那么我们说的道路对鸟类的"正面影响"是怎么回事呢?2013年我们在国外的刊物上发表了一篇文章,探讨塔克拉玛干沙漠公路对当地特有物种白尾地鸦的影响,主要做了两个方面的工作。

首先,是调查道路对白尾地鸦分布的影响,就是调查公路两侧多远的距离,白尾地鸦密度比较大,公路与地鸦是什么关系。主要想看看道路对白尾地鸦有没有干扰,如果有干扰,那鸟类一般会选择避开道路或至少与道路保持一定的距离,这样才能降低道路的负面效应。

其次,探讨不同人类活动强度对白尾地鸦行为的影响。这个工作主要是在沙漠公路沿线,调查不同地点和不同强度的人类活动干扰对白尾地鸦警戒距离的影响。通俗地说,就是看白尾地鸦能够容忍人类与它多近,如果容忍度高,人离鸟很近,它也不会飞走。

研究结果很有意思,发现距离公路越近,白尾地鸦的数量越多,显示出一种局部正效应。分析原因,应该是与沙漠的特殊环境有关,还有就是和鸦科鸟类本身的特性有关。在沙漠环境中,地鸦的食物比较少,而沙漠公路两旁新栽种的固沙植被带,以及交通设施,如沿线的停车场、餐馆、加油站、垃圾堆等,人间的物流通道能给地鸦带来更多的食物。另一方面,鸦科鸟类本身也不是很怕人,它们很聪明,习惯在人类生活区周边寻找食物,并且它们本身也是杂食性鸟类。所以,如果你留意观察,你会发现在垃圾堆周围,常常能看到不少鸦科鸟类,包括秃鼻乌鸦、小嘴乌鸦、渡鸦、喜鹊和两种地鸦等。

通常距离调查，也就是地鸦与公路的直线距离（截距）包括几个内容：一是安全距离，就是不受惊扰的距离；二是警戒距离，已经感觉到有危险了；三是惊飞距离，也就是我们要调查的距离。研究发现白尾地鸦对人接近的容忍度与人类干扰强度相关，在人类干扰强度高的地点，地鸦的惊飞距离反而短，越闹的环境越不怕人，这其实体现了白尾地鸦对人的适应。它们能够识别坏人（偷猎者）和好人，见的人越多，越熟悉人，也就不怕人了。同时这个结果也体现出人类文明程度及活动干扰对野生动物行为的影响，与人接触得多了，白尾地鸦学会了从人这儿寻找食物吃，就像峨眉山的猴子习惯了问游客讨要吃的，甚至是抢吃的一个道理。这种行为的改变对鸟来说是好是坏，不好评价，但是提示我们在探讨道路等人类活动对野生动物影响时，除了看种类、数量的变化外，还要考虑一些其他因素的影响。

我们的这个研究结果与青藏铁路、青藏公路等对周边鸟类影响的研究结果相一致，有兴趣的朋友也可参见南京大学李忠秋博士的相关论文（2009～2014），我们这个工作思路就受到了他的启发。从我们研究的结果看，似乎道路对白尾地鸦有正面的影响，道路和道路上的人们给地鸦带来了额外的食物，地鸦也似乎更喜欢生活在路边，之前说的道路对鸟的负面影响，似乎在这个案例中完全不起作用，但仔细分析实事并没这么简单。

我们在调查中就遇到过白尾地鸦被碰撞的事件，并且不止一

白尾地鸦若无其事地在沙漠公路边
散步（徐 峰 摄）

起两起, 死亡的大部分是年轻没有经验的个体。而那些噪声、尾气等, 也同样存在。表面上看, 道路两侧的鸟多了, 并不能说明就是正效应; 客观一点, 只能说道路对白尾地鸦有一种"吸附效应"。因为食物多了, 周围的白尾地鸦被吸引到道路周边来, 而道路对地鸦究竟是正效应, 还是负效应, 需要研究道路对沙漠地区白尾地鸦整个种群的影响后才能得出结论。也许地鸦被吸引到道路周边生活, 鸟撞事件增加 —— 特别是对年轻个体的杀伤力大, 地鸦种群结构发生了改变及种群数量也下降了, 这不就是赤裸裸的负面效应了吗?

说了这么多, 简单总结一下吧。我们只是想说明以下几点: 一是许多物种的濒危都是拜人类所赐, 地鸦亦不例外。二是道路对鸟类, 对其他野生动物的影响是一个复杂的过程, 不是一两项数据能阐述清楚的。但可以肯定, 不论是从目前我们研究的结果来看, 还是国内外资料, 负面影响居多。三是局部的吸附效应, 可能沿着沙漠公路集聚了一些地鸦家庭, 小范围得到了利益, 确实如此, 这是特例。总之, 希望更多人关注鸟撞, 关注路杀, 关注道路对动物的影响。有兴趣的朋友可以多交流, 有资料有想法的也欢迎讨论和指教。

六、白尾地鸦与黑尾地鸦之分异

前面已经详细描述了白尾地鸦与黑尾地鸦的形态特征、生态习性及分布等背景信息。二者关系极其密切，在分类上和生态行为上都有一些共同之处，有必要简明扼要地归纳它们的相同点和分异处，理清相互关系，加深认识，也可避免初学者对二者出现混淆。

种间竞争

我们认为，竞争是物种延续的必要条件。如果没有竞争，和气一团，最终会被比较强势的一方融合、兼并、合二为一，所谓的被"和谐掉"，直至同化。说得好听一点是"融合"，说得严重一点，实际上就是种族灭绝。根据动物生态学原理，分布区域重叠的相似物种，都会面临这样的问题。它们必然存在某些差异，包括地理分布、形态、行为甚至是生殖隔离，以减少竞争产生的灭种压力。

俗话说"打不过总可以躲得过"，白尾地鸦和黑尾地鸦两个在形态上和行为上如此接近的物种，种间的竞争肯定会有。它们可能会向两个方向发展：不是一个物种完全和谐掉另一个物种，合二为一，所谓融合与兼并 —— 灭种；就是各自为政，占据不同的空间 —— 地理上分离或替代，或各自一方，或画地为牢，或吃

不同的食物 —— 食物上分化，或者其他生态习性上的分隔，统称为生态分离。最终目的，是互不侵犯，大路朝天，各走半边，使两个物种之间达到平衡而共存。从以下的事实可以看出几种地鸦的发展方向主要是地理隔离、异域分布或生态位分离。

形态分异

两种地鸦的身体尺寸和色泽都很接近，为了避免近交和融合，势必出现分异。这种差异主要在尾羽的颜色上，如果遮住尾部，二者就容易被混淆。白尾地鸦幼鸟头顶的黑色部分杂有淡褐色羽端斑，喉部无黑色，中央两枚尾羽的黑色部分比成鸟大许多，约占羽毛面积的50%。从系统发生（重演论）角度分析，这可能是返祖现象，因为其他几种地鸦尾羽都是黑色的。是否已经存在某种程度上的杂交，就很难断定了。

白尾地鸦成鸟喉部的黑色，在多数时间也是不明显的，只在繁殖阶段突显。它们上体的葡萄淡褐色，以黑尾地鸦略显浓著。初级飞羽中部的大白斑二者没有明显的区别，内侧几枚略有不同，白尾地鸦的白色部分逐渐向羽毛端部延伸，内侧几枚的黑色端部几乎消失。二者次级飞羽区别较大，黑尾地鸦的次级飞羽概为黑色，而白尾地鸦则有白色羽端，飞行时比较明显，互相可以区别。比较标本，黑尾地鸦的跗跖和脚趾略显粗壮。白尾地鸦的嘴峰细而长，向下弯曲的弧度也略大。黑尾地鸦嘴峰比较短而粗著，这应该与其栖息环境有很大的关系。由于其觅食地以硬石戈壁为主，磨损度大于在松软沙漠中生活的白尾地鸦。对此，国外学者也持有相同的观点。

地理分异

由于对水分条件和热量的需求不同，二者存在明显的地理分异，或存在分布地域的替代性，就是有它没你、有你没它。这种分布替代性表现在两个方面，一是纬度差异的地带性，分布在不同的纬度带；二是高差效应，垂直高度的地带性，它们生活在不同的海拔高度上。根据几种地鸦的分布地图就可以看出，新疆黑尾地鸦的分布区主要在北疆，而在南疆是环绕塔里木盆地包围着白尾地鸦的分布区，地理分布趋势实际上存在镶嵌或套叠，二者生境基本上不重叠。在有白尾地鸦分布的巴楚、皮山、于田、民丰、若羌等地（主要在环绕塔里木公路沿线）都记录或采集到黑尾地鸦，甚至二者的模式标本产地都极为接近（巴楚与莎车）。但是，目前还没有任何证据表明二者的分布区有重叠，也没有种间杂交的记录。就是说，完全在同一地点遇见它们的可能性比较小。

在其他地区，黑尾地鸦有时分布于海拔300米以下，如北疆的准噶尔盆地。但在塔里木盆地，其分布区通常在1300米以上，尤其是在昆仑山北麓和格尔木盆地可以上升至海拔3400米以上。而白尾地鸦的分布高度通常在780～1500米之间，没有离开松软沙漠的记录。因此，在塔里木盆地，二者的重合度不高，在分布高度上具有明显的垂直分离。仔细对比两种地鸦的栖息地，你就会发现它们生活的环境很不一样，一个是砾石戈壁，另一个是细沙荒漠。

生境分异

生境的分异实际上就是栖息地的分异，或者说生态位分异、微环境分异。这里的生态位通俗地说就是"小生境"或者"微生境"。众所周知，白尾地鸦喜欢栖息于松软的沙漠中，而黑尾地鸦则选择在地质较硬的戈壁和植被相对好一些的荒漠草原上活动。尽管两者在形态特征上极其接近，有时会在同一地区出现（分布重叠），都喜欢在灌木丛中筑巢，食性也基本相似，但是栖息地却有明显差异，实现了空间分离，即异域性分布，或栖息地分离，即地面基质的不同而分道扬镳。

在沙漠腹地完全没有水，植物种类稀少，植被盖度低，白尾地鸦照样能生存（通过植物根茎获取水分）。而黑尾地鸦的生活环境植被相对要丰富，靠近山前戈壁，气候条件和水源条件也较优越。这种生境分离格局的出现，应该是激烈竞争和长期适应的结果。

习性分异

根据目前仅有的资料,很难说清几种地鸦之间习性上的分离。地鸦均为留鸟,生活环境固定,流动性差。都是杂食性鸟类,食物组成可能有一些区别,因为环境植被与动物区系组成存在差异。如白尾地鸦可以通过植物的茎、叶、根获取水分,而黑尾地鸦则是直接饮水。繁殖行为也非常相似,它们喜欢单独或成对活动,善于地面疾走,通常不远飞,也不高飞。都具发达的鼻须,适应于风沙恶劣的环境,亦有利于在刨挖土壤中的动植物及埋藏食物时减少尘土、风沙的危害。

几个亲缘关系密切的种,通过异域分布或选择不同生态位缓解竞争所带来的压力,结果在其他方面就有可能保留了相似的性状(共同起源于一个祖先),甚至难以区分(如活动时间、食物与食性、形态特征、繁殖行为等)。这基本符合竞争排斥原理:两个相似的物种不能占有相似的生态位;如果同处于一个生态位,就会发生"性状替换",彼此之间区别加大,出现形态分离(事实上的生态分离和繁殖隔离)。而白尾地鸦与黑尾地鸦则是一对形态和行为相似、生态位或栖息地不同的"典型"例子,这证实了完全的竞争者不能共存的假说。

七、百年回顾：地鸦的发现与命名

　　早在19世纪末至20世纪初，在西方工业与科学技术鼎盛初期，中国还处于封建落后的朦胧状态，战乱频仍，民不聊生。就连许多在中国特有的物种、本土上的发现，都是以外国人的名字命名。实际上中国人的祖先早已在数千年前就已经具有了相当丰富的博物学与文化积淀，对野生动物的了解和命名远远超过西方国家数千年，可见于《山海经》《诗经》《本草纲目》等传世之作。而后来居上的西方人，在科学方面异军突起，制定了物种命名规则，彻底推翻了当地的土名和俗名，为物种的系统分门别类立下

塔克拉玛干沙漠探险一直是人类的梦魇，但依然
趋之若鹜（马　鸣　摄）

了汗马功劳。但在有些物种的命名过程中，缺乏慎重，急功近利，自以为是，离奇古怪，一头雾水，迄今令国人还在蒙受着耻辱。这里讲述的是与白尾地鸦有关的一段历史"故事"和一些当事人。

在一百五十多年前，正是动物学界发现"新种"的高峰时期，许多所谓的博物学家、探险家、军人和传教士等，包括有野心充满罪恶的侵略者、盗墓者、间谍、便衣军人、商人，深入到亚洲腹地无人区勘测地貌和寻找"宝藏"，探索中亚未知的世界。最后的空白地——中国西部的新疆和西藏，更是探险家逐鹿的乐园。就像一些追逐名利的人喜欢抢注商标和专利一样，他们轮番对采自中国各地的物种命名，包括植物、昆虫、脊椎动物等，不管有没有标本，也不管采集地信息是否完整。一知半解，作奸犯科，胡作非为，混淆视听，乐此不疲。当时，他们为了名利双收，恬不知耻地抢着以自己的名字命名这些野生动物。其不科学、浮躁、轻率、可耻（蔑视中华本土文化或历史）和操之过急，给后人留下许多把柄、错误、麻烦和质疑。

关于白尾地鸦发现的一些细节和史料，我们在《白尾地鸦》（2004）一书中已有论述，为了避免重复，这里只做简单介绍。新疆唯一的特有物种白尾地鸦的发现和定名与两个英国人密切相关，即模式标本采集者毕杜夫（1840~1922）和定名人休默（1829~1912）。

进入塔里木盆地采集白尾地鸦

关于毕杜夫（John Biddulph）上校的身世，没有太多的文献记录。据查，他18岁加入英国精锐骑兵团，一直在当时的英殖民地印度工作。后充当侵略者的间谍，以登山运动员的身份潜入中国西部，为英帝国政府争夺中亚地盘同俄国人周旋，就是所谓列强们的"超级游戏"。他有过一些中亚探险经历，1873～1874年间以军人的身份参加"第二次叶尔羌河流域探险队"，涉足克什米尔及帕米尔高原、西喜马拉雅山、喀喇昆仑山、昆仑山及新疆南部的莎车等地，在巴楚他意外采集到白尾地鸦标本。白尾地鸦的拉丁名称就是用他的名字命名的（*Podoces biddulphi* Hume 1874），国外有时称之为"毕杜夫地鸦"（Biddulphi's Ground Jay）。

1891年，夏普（Sharpe）编写的《第二次莎车旅行的科学报告——鸟类》出版，其中详细介绍了考察结果及毕杜夫采集白尾地鸦的经过：最初遇见白尾地鸦是在离开英吉一阿瓦提去南疆巴楚的路上，这种鸟喜欢成对或单独在路上啄食马粪蛋。当受到惊吓会立刻飞到灌丛细枝上，并不鸣叫，有野性而非常机警，从一棵灌木飞到另一棵灌木，飞行距离很短，但难以靠近。如果好奇者追随其后，则始终与人保持一定距离（射程以外）。在巴楚以北的丛林中遇见一个大群，有10～12只，集群时它们不太怕人，也不那么安静。飞行比较沉重，不停地拍打翅膀，上下起伏，有点像啄木鸟，而不像山鸦（注：1929年，当另外一支考察队首次在皮山县附近的固玛见到白尾地鸦时竟然误当成了"戴胜"）。

　　毕杜夫上校也曾经独自发表过鸟类调查报告，是红其拉甫另外一侧的"吉尔吉特的野鸟"。据说经他采集的3000多号鸟类标本，都收藏在大英自然历史博物馆里。

除了野外采集，最初的一号白尾地鸦模式标本竟然来自当地的集市——巴扎（马　鸣　摄）

如何为白尾地鸦定名

物种的命名是具有严格的国际命名法规的，按照双名法，完整的名称应该包括属名（姓）、种加词（名）、定名人及定名年代四部分组成，有时候后面两个部分可以省略。1999～2003年，通过印度友人及其当地鸟类组织、"国际鸟盟"和东方鸟类俱乐部等国际组织帮助，我们在国外图书馆找到了有关白尾地鸦最原始的文献，即1874年定名人休默发表在*Stray Feathers*（可译为《迷失的鸟类》，或译《散乱的羽毛》）第二卷 503～505 页上的白尾地鸦"模式标本"描述和一些关于休默个人的文献资料。

文章一开始，休默是这样概要描述白尾地鸦：通体呈灰的淡葡萄黄色；前额、冠（头顶）和枕部黑色，具蓝色的光泽。枕后的羽毛形成短而宽的冠状；具有宽阔的黑色下颌斑纹。翅上有斑驳的白色和泛蓝色光泽的黑色，尾羽白色。中央尾羽具明显的黑褐色羽干纹，羽梢渲染浅黄褐色。

之后，详细介绍了标本的搜集过程：白尾地鸦是四种"山鸦-鸫"（Chough-Thrushes）之中最华丽的一种。标本是毕杜夫上尉在第二次叶尔羌地区探险时获得的，他是考察队中唯一看到野生状态白尾地鸦的人。模式标本采自新疆巴楚，时间是1874年1月10日。后来队员斯托里兹卡博士在叶尔羌（莎车）又购买了一只笼养的白尾地鸦活体标本。

白尾地鸦，当地人称其为"克里妖丐"，这个美名早已有之，无论是在身体大小、羽色，还是在行为表现上都与黑尾地鸦和土库曼鸦相似，重要区别是根据尾羽的颜色。虽然，毕杜夫上尉等采集的两号标本都是雌性，而其嘴峰显然比上面的两种地鸦的雄性还要长一些，尽管在这个属里雌性通常比雄性小，嘴峰也短些。所获标本喉部的黑色斑纹不明显（冬羽），但经验丰富的休默，根据羽毛基部的黑色推测喉部在夏季应该是黑色的。整个上体的羽毛包括后颈、背部、两翼的覆羽、腰部和尾上覆羽概为浅葡萄黄褐色，这与松鸦极其相似。文章作者对标本的描述和对比是非常细腻的，使用了相当多的文字描述和修饰。

还要特别提出的是，1871～1874年在中国发现的三种地鸦包括黑尾地鸦、白尾地鸦、褐背拟地鸦（地山雀），都是被休默首次命名的。白尾地鸦的拉丁学名是用标本发现者毕杜夫上尉的名字命名的（*Podoces biddulphi* Hume 1874），一个按照双名法命名的物种名称，竟然包含了两个外国人的名字，成何体统！最可恨的是国外许多国家有时干脆称其为"毕杜夫地鸦"。而且，褐背拟地鸦（或地山雀）还是休默以自己的名字定名的，甚至英文和拉丁名就叫"休默地鸦"（Hume's Ground Jay, *Podoces humilis* Hume 1871）。黑尾地鸦又被称之为"亨德森地鸦"，也是用外国探险者的名字定名的（Henderson's Ground Jay, *Podoces hendersoni* Hume 1871）。1873年亨德森与休默联合发表了"拉合尔至莎车"考察报告，属于新疆南部地区早期的鸟类文献之一。

作为当时驻英国殖民地印度的一个政府官员，同时也是"业余"动物分类学家的休默，19世纪后半叶一直利用工余时间关注印度及邻近地区的鸟兽研究，还自费办了鸟类刊物，而且计划出版最具权威的"印度及邻近地区的鸟类"专著，后因一系列灾难包括仆人在其外出时将大量手稿当废纸变卖（有说被大火焚毁），最终打消了这个"千古留名"的念头。之后，其兴趣改向植物标本搜集和参与所谓"民族独立运动"。

根据考证，休默可能没有实地考察过新疆，但是在1862～1884年间却收藏、鉴定和命名了不少探险家们带回的标本（如卵、羽皮、巢等）。中国本土鸟类中至少有40个种或亚种是被他命名的，如喜马拉雅兀鹫、黑颈长尾雉、纵纹角鸮、栗头八色鸫、细嘴短趾百灵、白喉林莺、藏黄雀等。这个政治家兼业余的鸟类学家很"不一般"呢。

在印度政界和民间社会，当时的休默也是赫赫有名的活动家。1883～1885年，他与一些进步人士发起组建了"印度国大党"，为推翻英殖民地统治吹响了战斗号角。令人惊讶的是，他是个爱好极为广泛的博物学家，涉及农业、渔业、航海、气象等。他还收集和鉴定了大量草本、树本和花卉植物标本。他收藏的10余万号生物标本一直存放在英国自然历史博物馆。这种业余爱好和个人标本收藏量，在当时都是独一无二的。

叶尔羌考察花絮

几种地鸦的发现地都在叶尔羌地区，位于塔克拉玛干沙漠西部，是探险家们向往之地。斯托里兹卡和夏普，上面已经提及此二人，他们与"第二次叶尔羌考察"及白尾地鸦的发现有一定关系。原来，出生于奥匈帝国（现在是捷克领土）的斯托里兹卡博士是考察队的专职博物学家或地质学者，负责地质及动物标本的收集和整理，之前有过辉煌的业绩。如前所述，其中一件白尾地鸦模式标本就是他在市场上收购的，作为随队专家，这个物种鉴定和命名本来就没有别人的什么事。遗憾的是，在1874年6月19日返回途中，斯托里兹卡博士意外病死在了喀喇昆仑山上，之后被就地埋葬于印度河上游的列城附近。剩下的工作就落在军事间谍毕杜夫和政客休默二人的手中。最后为什么会是由间谍和政客来鉴定和定名白尾地鸦，原因可能就是如此。

但是，大约在1884年休默的佣人将他25年积累的所有手稿当废纸变卖了，迫使其放弃了以后的鸟类研究。这时，大英自然历史博物馆鸟类馆的夏普馆长出现了，他没有任何实地考察的经历，但他在1885年亲自到印度运走休默收藏的10万号标本，主要是植物标本，还包括一些鸟卵、巢、羽皮等，并在毕杜夫上校和斯库里军医等的协助下最终完成了《第二次莎车旅行的科学报告——鸟类》（1891）。当年，在印度服役的斯库里军医，他在1874～1875年间也竟相出没于新疆南部喀什等地，单独发表过《中国新疆的鸟类》（1876）。

塔里木地鸦与普热瓦尔斯基

最后，在所有的中亚探险者中，不能不提沙俄军人普热瓦尔斯基（1839~1888）上校，他也是一位比较著名的采集者（掠夺者）。其中文名字"普热瓦尔斯基"，在中亚各国是大名鼎鼎、妇孺皆知的探险家。他有5~6次亚洲探险的经历，其中4次来华。最后死在南疆的探险途中，被安葬在天山中部的伊塞克湖边，地名亦以其名字命名。

他不是第一个进入中国西部的外国探险家，也不是最后一个。1876~1877年当普氏再次进入中亚，进入罗布泊时，令其喜出望外的是采集到两个鸟类"新种"（普热瓦尔斯基，1888），其中之一就是白尾地鸦。后来，被他命名为"塔里木漠松鸦"（*Podoces tarimensis*），因为俄国人一开始就将以前采集的三种地鸦统称之为"漠松鸦"（俄文：Пустынная Сойка）。当时他可能还不知道上面几个人的考察报告，属于"同物异名"。

这里，普氏没有用自己的姓名或无关的词汇去定名"新种"，多少有一点科学的态度，也是能够被后人接受的。现在，我们认为"塔里木漠鸦"，依然是比较合理和准确的名称。就如同后人将"亨德森地鸦"改为蒙古地鸦或黑尾地鸦，将"毕杜夫地鸦"改为新疆地鸦或白尾地鸦一样，合情合理的东西总是会被世界逐渐接受的。

第五章

沙漠科考记

马鸣 张新民 童玉平／文

第五章　沙漠科考记

　　从大唐和尚玄奘西行，到意大利的商人马可波罗东游，沙漠行旅几乎没有间断过。从19世纪后半叶至20世纪初，国外探险家在中国新疆沙漠里的活动达到了一个新的高峰，包括沙俄、英、法、德、日、美、瑞典、捷克等国的一批人，前仆后继，书写了一段段令人难忘的故事。

人类历史上最为壮阔的一支塔克拉玛干沙
漠科学考察探险队（马　鸣　摄）

　　随着中国科学春天的到来，20世纪末，也就是20世纪80～90年代，是塔克拉玛干沙漠科学考察和探险的一个黄金时代。中国科学院新疆分院1980～1981年组织了罗布泊综合科学考察；1983年穿越和田河考察；1987~1995年组织了塔克拉玛干沙漠科学考察；1990年组织了克里雅河流域科学考察和穿越探险；1995年和1997年中日联合组织了横穿塔克拉玛干大沙漠的探险活动。之后，又有一些专项的科学考察，如我们参与的2001年中法联合组织的克里雅河下游科考及圆沙古城考古活动；2003年，国内第一个专门资助地鸦研究项目——国家自然科学基金委员会（30270211）项目启动，是针对塔克拉玛干沙漠白尾地鸦分布格局与繁殖生物研究；2011~2013年，西部之光青年资助计划，及2015~2017年国家自然科学基金青年资助项目等，探索了沙漠公路干扰对白尾地鸦生存现状、分布格局及行为模式的影响（31401986）。在这期间中国新疆其他部门与英国、法国、德国、日本等国的探险者合作，也进行了多次沙漠考察与探险活动。

　　以下记录了近40年来，我们参与的几次与白尾地鸦有关的沙漠腹地综合考察活动。比较精彩的是国家自然科学基金委员会（NSFC）先后资助的两个地鸦项目，借此我们可以深入地研究白尾地鸦的繁殖生态和种群分布状况。

一、塔克拉玛干沙漠综合科学考察

这是继罗布泊、阿尔金山野骆驼考察之后又一次大规模的沙漠综合科学考察活动。参与者包括生物、地理、气象、水文、石油、地质、考古等十几个专业的专家,应该是人类历史上第一次如此大规模综合科学考察。与此相关,同期进行的考察如穿越和田河考察、穿越克里雅河考察和分批乘直升机进行沙漠腹地调查等。野生动物组在1988~1992年组织了多次环绕塔里木盆地的考

察,我们先后搜集鸟类标本1300多号,包括临近的天山、昆仑山、喀喇昆仑山及帕米尔高原等。

1989年4~6月环绕沙漠考察路线:库尔勒、阿尔干(4月)、罗布庄、若羌、米兰、喀什达坂(阿尔金山)、瓦石峡、且末、安迪尔(5月)、牙通古斯兰干(驿站)、民丰、于田、琼麻扎、策勒、和田(包括慕士山)、和田河下游(麻雪特)、皮山、叶城、疏勒、麦盖提、巴楚(6月)、阿克苏、上游水库、沙雅、帕满水库、尉犁、恰拉水库等。得到白尾地鸦繁殖的一些资料和幼鸟标本。这一次环绕行程上万千米,历时3个月,共获得鸟类标本285号。

1990年4月3日~7月18日,我们在塔克拉玛干沙漠北缘沙雅县的帕满定点调查黑鹳繁殖生态。完成国家一级保护物种黑鹳栖息地选择、种群数量调查,以及繁殖期的筑巢、产卵、孵化、育雏、食物组成等调查工作。附带采集鸟类标本140余号。

1990年12月~1991年1月,我们从沙雅深入沙漠,乘物探队的直升机分批进入沙漠腹地不同的石油井队(38°27′~40°00′N,82°00′~84°00′E;海拔1000~1200米),当时还没有建设沙漠公路,进入沙漠非常困难。此次调查共录得脊椎动物3纲,7目,8科,30余种。其中有8种属于沙漠特殊物种,如叶城沙

因为沙漠石油勘探与开采,推动了塔克拉玛干沙漠科学考察的深入展开(马 鸣 摄)

蜥、赤狐、塔里木兔、野骆驼、跳鼠、毛腿沙鸡、短趾百灵、白尾地鸦等。首次在沙漠核心地带采集到白尾地鸦的标本，其中12月25日获得的1号雌性个体，脑重量约3克，相当于体重的3%。其眼眶内含有大量的寄生虫（线虫或绦虫）。在地鸦活动区附近发现有大量的鼠洞（4~7个/平方米）。沙漠腹地的工作结束后，考察组前往阿克苏、皮山、和田、墨玉、策勒等调查。共采集鸟类标本110号。

大事记：

1980年6月17日，中国科学院罗布泊综合科学考察队彭加木失踪，迄今没有找到尸体。

1992年3月12日，路遇著名沙漠探险家余纯顺，同住一家旅店。4年之后的6月13日，余纯顺在罗布泊遇难。

1993年9月15~20日，塔克拉玛干沙漠国际科学大会在乌鲁木齐召开。

1995年10月，科考队长夏训诚主编的《塔克拉玛干沙漠考察文集》等陆续出版。

二、沙漠腹地鸟类观测

　　随着阿拉尔至和田、轮台至民丰和尉犁至若羌三条沙漠公路的贯通,沙漠考察活动逐年增多。

　　鸟类通常沿着山谷、河流(湖泊)、绿洲或海岸线迁徙。但是,在辽阔和干旱的塔克拉玛干大沙漠,一些鸟类却选择了直接穿越沙漠的路线,甚至沿着沙漠公路人工建造的绿色走廊迁徙。1998~2003年在沙漠中心"塔中"设点调查的结果表明,在迁徙季节,远离河流和绿洲的沙漠腹地同样有许多种鸟类出现,有时会形成"鸟流"。根据历年考察结果的总结、统计和补充,约有鸟类97种,隶属于12目、27科。其中居然包括许多水禽(占26%)和森林鸟类等。小型雀形目种类约占60%。塔克拉玛干沙漠约34万平方千米范围,实际种数可能远远不止这些。

　　我们在沙漠腹地观察到的鸟类,根据区系特征和居留型,划分出以下类型。

　　土著种(留鸟):一年四季都生活在沙漠中的鸟类极少。已记录到的种类有白尾地鸦、短趾百灵、黑顶麻雀等几种。而毛腿沙鸡、漠鹏等常常在沙漠和戈壁之间活动,也出现于沙漠腹地。

　　伴栖种:随着石油业的兴起,人类在沙海中营造了许多定居点。这些定居点为鸟类生活创造了条件,成为许多绿洲鸟类的新领地和避难所。伴栖种实际上包括了栖居在沙漠边缘绿洲的留鸟和繁殖鸟（夏候鸟），如荒漠伯劳、麻雀、欧鸽、斑鸠等。还有一些迷鸟和冬候鸟。

路过种（旅鸟）： 在沙漠腹地偶然遇见的鸟类主要是这一类，占 78%。但通常是从空中飞过，属于过境鸟，有时会形成"鸟流"，如水禽、猛禽和一些小型食虫雀类等。

迷失种（迷鸟）： 包括一些漂泊种类，因为遇上恶劣天气，飞错了方向。如太平鸟（十二黄）、乌鸫、赤颈鸫等。有时见到的是"葬身沙海"的尸骨。

运送物资的驼队有 36 峰骆驼，作为探险队成员，我们一直坚持徒步穿越（马　鸣　摄）

三、由西向东横穿沙漠

　　1997年2~3月，中国科学院与日本早稻田大学共同组织了横穿塔克拉玛干沙漠的科学探险活动。考察队员包括黑择力、大仓良太、上原野乡、左博铁郎、大月启介、宫田清水、欧泳、马鸣、周智斌、阚耀平、段刚、买里克和肉孜等。1995~1996年间也曾组织过共同沙漠考察和选线调查。这次考察动用36峰骆驼，起点是塔里木沙漠公路轮台与民丰中间的"塔中石油基地"（39° 27' 35″ N, 83° 54' 45″ E；简称"塔中"）。2月8日补给队首先从且末出发；10天后的2月18日主队从塔中出发向东进入沙海。3月6日两队会合。3月24日顺利抵达终点罗布庄

（39°27'01″N，88°15'50″E）。东西跨度约4°，南北摆动0.5°，日行走20～30千米，直线距离400千米，实际行走约700千米。全程徒步，穿越一望无际的沙海。

这次联合考察不同于以往的历次探险活动。首先在路线上是由西向东，每日要翻越5～8座南北走向的高大沙山（相对高度50～100米）。其次是在补给方面先期采取南北插入补给方式，难度极大。2月中旬沙漠中气温在-22°C左右，因寒冻而使人员和物资（约10吨的水、蔬菜、水果和罐头等）蒙受损失。整个过程使用5～6部电台（主队、补给队、外围组、塔中支持点、乌鲁木齐本部等），保证了信息畅通。另外还携带有对讲机、GPS卫星定位仪、罗盘、军事地图等。全程没有动用飞机支援。

此次探险区域是塔克拉玛干沙漠内部地形较复杂的区域，南北走向的高大沙丘绵延数千米，宽度0.8～1.0千米，每座沙山之间的丘间地比较平坦，宽0.5～1.5千米。沙山东侧迎风坡比较平缓，地面沙粒较粗而硬；西侧的背风坡则十分陡峭，沙粒细而松软，难以直上直下。经常有稀疏植被如红柳、芦苇、鸦葱、罗布麻等，及动物如狐狸、塔里木兔、白尾地鸦、黑顶麻雀等分布至湿润的丘间地带。在沙漠里植物的繁衍和传播方式主要有根蘖方式（如芦苇）和风媒型种子传播，多数沙生植物种子有冠毛或翅片，可随风飘飞。

考察发现野生脊椎动物3纲，11目，17科，约26种。其中有7种完全是沙漠"土著"动物。

四、圆沙古城与克里雅河探险

2001 年 10~11 月，沿着白尾地鸦留下的足迹，中国与法国的地理学家、动物学家、考古学家在克里雅河下游的塔克拉玛干沙漠腹地进行了一次全面的考察。考察队发现了 5 处墓葬群和多处古代民居遗址，同时还发现了许多动物遗骸。这是塔里木盆地百年考古史上的最重大的发现之一。

克里雅河发源于昆仑山中段，贯穿新疆和田地区于田县境内，全长 860 千米。该河流曾经与塔里木河衔接，很自然地成为古代商旅和军队南北穿越沙漠的交通要道。早期的探险家穿越塔克拉玛干沙漠时，在这里发现了喀拉墩遗址和丹丹乌里克遗址。20 世纪 80~90 年代又有一些国内外的科学家在这个区域调查，他们发现了位于沙漠中心的圆沙古城（38°52'N，81°35'E）。

中国和法国科学家共同组织的圆沙古城考察活动，这是我们的沙漠营地（马 鸣 摄）

据古代戍边名将班超兄长班固撰写的《汉书·西域传》记载，"扜弥国，王治扜弥城，去长安九千二百八十里。户三千三百四十，口二万四十，胜兵三千五百四十人。辅国侯、左右将、左右都尉、左右骑君各一人，驿长二人。东北至都护治所三千五百五十三里，南与渠勒（策勒）、东北与龟兹（库车）、西北与姑墨（温宿）接，西通于阗三百九十里。"

依照上述地理方位的描写，古代"扜弥国"就位于克里雅河的下游，介于龟兹国和于阗国之间。可能就在今天的圆沙古城附近或喀拉墩遗址的范围内。但是，喀拉墩遗址和丹丹乌里克遗址没有城垣，看上去不像是城堡，年代也比圆沙晚许多世纪。当年法显高僧（公元400年）穿越塔克拉玛干沙漠时，天上无飞鸟，地

在圆沙古城的大门口，被沙漠掩埋的古城墙及
本书主编马鸣自拍像（马 鸣 摄）

下无走兽，强大的"抒弥国"早已经不知去向。现在，这里依然是个充满谜团的区域，因为我们没有发掘到金属货币，没有丝绸，没有玉器，更没有竹简和文字之类的遗存，可想而知历史之久远。为此，我们可以再写一本沙漠古城探险的书，此乃后话也。

"圆沙"名称是现代人命名的，源自维吾尔语"尤木拉克库木"，意为"圆沙丘"，因为古城堡正好位于一座巨大的圆形沙山附近而得名。其确切的地理位置在喀拉墩遗址以南约43千米，于田县城以南约250千米，正好在于田与沙雅县城之间的塔克拉玛干沙漠腹地之中，经纬度38° 52'N，81° 35'E，海拔1100米。作为亲历者，我们记录了整个发掘过程，并且发表了与动物相关的学术论文。

实地调查和卫星图片分析，发现古代克里雅河在此分叉，将古城包围，形成天然的护城河。这次考察区域还包括琼麻扎、达里雅博依（大河沿）和马坚勒克等地，向北延伸至北纬39°，南北距离达200千米。"马坚勒克"意思是多珠宝（玛瑙）之地，反映出历史时期手工业的昌盛。沿河的主要植被有胡杨、怪柳、罗布麻、甘草、骆驼刺、叉枝鸦葱和芦苇等。

考察队10月19日离开乌鲁木齐。21日，中法各5名正式队员分别乘坐4辆沙漠越野卡车携带约10吨的物资（主要是淡水和汽车燃油）向沙漠进发。22日在塔中遇阻，24日改换骆驼从达里雅博依徒步进入沙漠。经过GPS导航，3天后队伍准确抵达圆沙古堡以北，并迅速安营扎寨。

　　如果说考察队是沿着白尾地鸦的足迹去追寻圆沙的秘密的，那么圆沙之旅展现的动物故事就更离奇古怪。这一点也不夸张。总是走在队伍前面的古动物学家赛巴斯廷（Sebastien Lepetz）和地貌学家茹埃拉（Joel Suire）一路都在统计地鸦的数量。笔者则比较注意其足迹链的密度，并对所见到的沙地脊椎动物的栖息环境、活动方式、足迹和粪便进行拍照、测量、记录和确认。动物标本（遗骸或干尸）多来自古墓地、古代城堡和民居附近，考古学家说："垃圾堆"中有宝物。由于一些标本的年代距今只有2500年左右，在分类上应该与现代动物等同。笔者对于古代动物的驯养及组成略有涉及，如搜集了家畜骨骼、皮、毛标本等进行化学或物理分析。但是，研究的重点是通过现代物种区系推演2500年来的物种变化。老鼠曾经是当地百姓的崇拜对象，出土的遗骸相当多。

古代垃圾堆里的宝物，各种动物的骨骼，当然不一定都是野生动物，还有一些干尸——动物木乃伊（马　鸣　摄）

唐朝的玄奘大师撰写的《大唐西域记》中描述了"鼠壤坟传说"，故事描述了老鼠帮助当地军民击退匈奴进犯的故事。有相当长的一段时期老鼠成了塔里木人民推崇的偶像，就连骑马路过鼠洞时，也要下马步行，叩拜致敬。1901年前后，斯坦因也在丹丹乌里克见到"鼠头神"的画像。有人推测鼠疫可能是"扜弥城"被放弃的原因之一。考察期间还在达里雅博依专门访问了当地居民的狩猎和放牧活动。在第一号营地，我拍摄到当地牧民捕猎白尾地鸦的情景。

通常白尾地鸦以4~6只集群活动（包含幼鸟的家庭群）。酷热的夏季在沙漠腹地依然可以见到其行迹，其他季节在沙漠中分布是均匀的。与分布较广的黑尾地鸦比较，白尾地鸦只出现在松软的沙质地面上，极善于奔跑，实测最大跨步幅度为48厘米，平均跨距约20厘米。

当地人称白尾地鸦为"克里妖丐"，有时形容滚铁环的男孩"拐来拐去，大步流星，奔跑如飞"就是"克里妖丐"。白尾地鸦通常是"Z"字形奔走，很难被弹弓击中。向导哈斯木和玉素甫讲述了许多关于克里妖丐的故事："它可机灵了，贪食玉米，会偷东西。如果不给吃的，就用喙使劲敲门。"其飞行距离很短，为100~500米。白尾地鸦储藏（埋）食物的行为与其他鸦类行为接近。食物包括金龟子、伪步行虫、蝗虫、蜥蜴、植物果实、种子、苇叶、叩头虫、双翅目幼虫等，属于杂食性鸟类。

1999~2003年间，由于得到香港观鸟会"保育基金"、全球绿色基金（GGF）、世界自然基金会（WWF-China）、国家自然科学基金委员会（NSFC：30270211）和日本野鸟会等的大力资助，对塔克拉玛干沙漠之中的白尾地鸦进行了比较深入的调查。根据鸦类具有挖掘和埋藏食物的天性，民间流传着一些迷信的说法，如鸦类具有发现珠宝的能力，喜欢将耳环、戒指等贵重首饰深埋于沙地中。它总是跑在人的前面首先目睹第一现场的"猎物"。特别是在尼雅、克里雅、圆沙、丹丹乌里克、约特干、楼兰及罗布泊等沙漠古迹分布多的地区，150多年来一直是国内外探宝者的乐园，当地居民亦深受影响。而且，白尾地鸦喜欢在沙漠古城附近活动，是唯一能引起沙漠行者注意的生灵，成为"偷墓贼"的"指示鸟"并不奇怪。实际上，历史上的古城多位于故河道的尾闾，如今依然有比较丰富的地下水和植被，亦是白尾地鸦经常出没的栖息地。在途中还首次遇见白尾地鸦饮水。

根据调查统计，克里雅河流域的野生脊椎动物约有98种，包括已绝迹的几种，隶属于5纲，24目，48科。其中，鱼类约4种，两栖类1种，爬行类约4种，鸟类70余种，兽类约19种。有一些动物的遗骸发掘自圆沙古城及附近的古墓地。

拖拉机是我们考察队的沙漠"巡洋舰"，驾驶员是俄罗斯鸟类专家尤金（马 鸣 摄）

五、牙通古斯考察记

"牙通古斯"或"牙瓦通古孜",维吾尔语意思是"野猪出没的地方"。过去荒无人烟,强烈的开发活动始于近30年。自1988~2020年,历年的考察我们都没有在这里发现野猪,"牙通古斯"可能已经成为一段历史的记忆。

在2003年3~5月，我们承担的国家自然科学基金委员会
（30270211）资助项目是专项针对白尾地鸦繁殖生态的考察活动。
地点就选在了最遥远的民丰县牙通古斯村。访问当地的一位退役
军人，据他回忆："几年前有人上报县里，在胡杨林里有只野猪吃
羊，县武装部立刻派人前去剿灭了。"最后一只"牙瓦通古孜"（野
猪）的命运一定很惨。关于不断传出的"野猪吃羊"的消息，应该
是无稽之谈，除非被逼到绝路上。由于不断地移民和开垦，野猪
已经没有了栖息之地。

白尾地鸦调查在经费奇缺的情况下进行。没有交通工具，无
法保证物资补给，只能就近住在农民的家里。最艰苦的是每日在
牙通古斯村以东的沙丘间徒步行走15~20千米寻找地鸦身影和
巢穴，一天一天过去了，所获甚微。春季沙尘天气有时会使人迷
失方向，而繁殖季节那么短暂，稍纵即逝。以下是考察日记摘录。

3月27日，星期四，晴。

清晨我们离开了轮台县以南的肖塘养路段，沿着沙漠公路转
移到了千里之外的牙通古斯村，海拔1250米。

途中几次停车寻找地鸦，只见一串串足迹和掏挖草根的痕
迹，没有巢穴。有一处狐狸粪便，含有小雀及地鸦羽毛。在塔中
还遇到棕斑鸠、欧鸽、紫翅椋鸟、荒漠伯劳、赤颈鸫（尸体）、槲
鸫，路旁水坑里居然有游弋的白眼潜鸭、赤嘴潜鸭等。在物探

2100队营地，终于遇到2只白尾地鸦，正在垃圾堆上觅食。拍摄了许多数码照片，看上去似乎是幼鸟（喉部不黑）。难道当年的繁殖已经结束了？

经过访问知道，石油工人和养路段的人，曾经用气枪射杀白尾地鸦。

3月28日，星期五，晴。

晨测得白尾地鸦步幅达45厘米，确实如维吾尔族俗名"克里妖丐"所形容"大步流星"。下午在当地租到一辆被称之为"萨达姆的坦克"的小四轮拖拉机，与向导库尔班肉孜一起前往牙通古斯河以东沙漠寻找地鸦巢，希望能尽快了解地鸦的繁殖习性。拖拉机卷着一路尘土，在沟壑中奔波，没有驾驶室和护栏，几次都要将人甩出去。助手巴土尔汗和王传波都已灰头土脸不成个样子，更可惜的还是望远镜和相机。

17：30，终于在十几千米以外找到第一号白尾地鸦巢（Y-01），位于红柳丛1.4米高处。据向导库尔班肉孜回忆，大约20天前巢内有3枚卵。现在幼鸟已经长大，体重94～100克，体长16.7～17.5厘米。卫星GPS定位、拍照、测量，然后快速离开。推断2月下旬产卵，3月中旬孵化，4月上旬出窝。

返回时注意到有人在胡杨林中烧荒和开垦，准备种甜瓜和棉花。毁林十分严重。附近有鸢、棕尾鵟、红隼、欧鸽、戴胜、白翅啄木鸟、短趾百灵、凤头百灵、黄头鹡鸰、白鹡鸰、灰伯劳、荒漠伯劳、黑顶麻雀、赤颈鸫、山鹨等活动。植被除了胡杨和怪柳，还含鸦葱、骆驼刺、罗布麻、芦苇、大芸（肉苁蓉）等。

3月30日，星期日，晴，中午转大风，起沙尘。

在距1号巢约1000米外找到2号巢，但幼鸟已经离巢。巢内由致密的羊毛和胡杨树皮纤维构成，地鸦真不愧是"建筑大师"。观察表明幼鸟还不会飞，但跑得很快，会躲藏，可能属于"半晚成鸟"。后来，我们与俄罗斯鸟类学家尤金·颇塔包夫博士实地考察和讨论，应该还是晚成鸟。因为它们多数时间不能自理，出巢后还不能自己觅食，至少到了5月份还在向母亲乞食。

4月2日，星期三，晴。

晨5:30（新疆当地时间），天刚蒙蒙亮，离开驻地，翻越沙山，抄近路步行前往1号巢（Y-01），进行全天观察。一到达巢区，便开始"定巢位 — 全行为法"观察，包括双亲和几只幼鸟。位置选在距离巢以南约50米外，设立高倍单筒望远镜（20～40倍）拍摄或观察。至18:10因起大风结束连续11小时的观察。全天喂食计42趟（次），平均每小时喂4次（详细记录见第四章的"繁殖生态"观察笔记节选）。

20:30结束观测，回到驻地，已经精疲力竭。沙漠中温差很大，白天可以达到15℃～20℃，而夜间接近0℃。途中穿行于灌丛时皮肤被刮破，过河时深陷河沟，鞋子湿透。几次迷失于漆黑的夜色中，险些找不到归途。

4月5日，星期六，晴，寒流南下，气温骤然下降。

中午去检查牙通古斯的Y-01巢，幼鸟已经不知去向（离巢）。Y-03巢的卵也失踪，观察彻底中断。是弃巢还是"移巢"？

原计划研究从筑巢、交配、产卵，到孵化、育雏、离开完整的繁殖过程。而突然的变化让人非常伤心和气馁。一切又要从零开始。下午努力寻找新的巢址，但没有结果。附近见有12只白尾地鸦，分别落在不同的红柳树上，其中有几只幼鸟。经王传波了解，当地确实有外来民工吃地鸦，最近他们用"铁夹子"捕捉到2只地鸦，还拣卵和捉幼鸟。考察组面临三种选择：打道回家、坚持就地寻找或换个地方去安迪尔或北边什么地方继续搜索。

4月24日，星期四，晴。

半月以来，几个人分开在牙通古斯和安迪尔之间寻找，有一些新发现，但是多为空巢或旧巢。今日不得不转移至博瓦库勒，海拔1368米。又一次乘"萨达姆坦克"（拖拉机）进入沙漠，向导是艾山江和拖拉机手艾尼。穿过茂密的红柳滩和芦苇荡，有惊无险，虚土有30多厘米厚。博瓦库勒有"旧湖"或"老湖"的意思，处于昆仑山的山前地下水"溢出带"上，这里曾经是潮湿的。大约离开公路向南13千米发现一新巢，亲鸟十分恋巢，接近至10米才离巢。巢内有1枚卵，有胚胎的声音，正在破壳！令人喜出望外。巢内有驼毛和杂草。访问当地人，确实有一些食地鸦的习惯。

2003年的考察活动到5月结束。考察过程总是在得或失、喜悦和绝望、成功与失败之间交替进行。轮台、哈德、肖塘、塔中、牙通古斯、民丰、安迪尔兰干、科克萨提马、博瓦库勒、肖尔堂、且末、若羌、米兰、楼兰……每一处都留下了"白尾地鸦项目组"成员的足迹、汗水和艰辛，每一处都有令人难忘的故事。

六、罗布泊洼地鸟类调查（科学报告）

罗布泊汉唐称其为蒲昌海、纳薄海，是新疆历史、地理、地质、气象、水文、环境、生态与生物演化的一个典型区域。近150年来，罗布泊一直是国内外探险家的乐园和科考的热点地区，土垠驿站、楼兰遗址、小河墓地、米兰古堡等的发掘和考察，造就了普热瓦尔斯基、斯文赫定、斯坦因、亨廷顿、大谷光瑞、橘瑞超、彭加木、余纯顺、夏训诚等一批探险家。近代中国科学工作者也对罗布泊及相邻地区进行了多次综合科学考察，其中包含了动物调查。我们这次的调查目的是为了摸清保护区内鸟类本底资源，了解物种的区系组成和分布，观测和阐述物种形态、活动行为、栖息环境、繁殖生态、食物与食性、迁移与区系演化过程等，这对于揭示全球环境和气候变化意义深远。

特别荣幸，我们于2010~2011年带领学生4次进入罗布泊，参与环保部门组织的罗布泊野骆驼国家级自然保护区综合科学考察，由东北向西南，途经南湖大峡谷、噶顺戈壁、阿奇克谷地、罗布泊腹地、阿尔金山北部地区、库姆塔格沙漠、肃北荒漠等地，顺利完成科学考察内容，最后及时出版了学术专著（2012）。这次科学考察是三四十年前综合科考的继续，陆续有30~50名队员加入，包括野骆驼自然保护区管理局、中国科学院、新疆生态学会、新疆环境科学院、兰州大学等单位。基于探讨该地区野骆驼的生存现状的契机，对这一地区内的生物种类多样性、地理分布、生态环境、土壤类型、地域特征、自然资源、人类影响等进行了细致地调查研究。对保护区鸟类进行基础的种类与数量调查，有利于保护区掌握鸟类多样性资源，从此可有针对性地开展保护区内生物多样性保护工作。可能看出，以下我们就是偷懒，完全照搬学术"八股"论文的写作格式，简单介绍这次调查的结果。

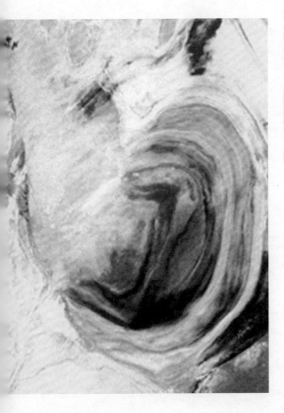

最早是在50年前美国卫片中罗布泊地形地貌图，就如同一个"大耳朵"

考察路线和自然环境简介

野骆驼保护区始建于1986年，原实际控制面积为15万平方千米，后规划面积为7.8万平方千米。我们其中一次的考察路线是从乌鲁木齐出发，途经鄯善迪坎尔、哈密南湖大峡谷、雅满苏镇、西井泉、黑山口、红十井、生态恢复二号区、彭加木墓地、土雅-雅丹地貌、罗布泊镇、白龙堆雅丹群、骆驼泉、红柳井、拉乌子、老鼠沟、新月沙丘、洪沟、红柳沟，最后经若羌、库尔勒，回到乌鲁木齐。在雅满苏镇、黑山口、罗布泊镇、阿尔金山老鼠沟四个地点设为营地，对其周围地区展开辐射式调查。其中有一次我们进入阿尔金山、当金山、马鬃山、敦煌阿克塞及肃北荒漠保护区等，了解白尾地鸦"东扩"的足迹。该地区属于极端干旱和暖温带内陆性气候，年降水量几乎为零（不足10毫米），而年蒸发量却达到3000毫米。往昔的新疆最大湖泊——罗布泊，早已干涸，变成了一片盐田。生境及植被类型大致可以分为低矮灌丛、苇地、湿地、沟谷、戈壁、砾漠、沙漠、盐漠等。

野外考察方法

考察地区面积大、地形开阔，单独活动危险性比较大。我们都是随车或徒步，采取路线调查法与定点调查法相结合，随机抽样的样带与两人分组同步进行。坚持环保理念，尽量不伤害、不采集、不干扰、不追逐野生动物。借助单筒或双筒望远镜，记录观察到的鸟类名称、数量、时间、地点、性别、年龄、行为以及生存环境等。遇到鸟类遗留物，如粪便、巢穴、痕迹、羽毛、尸体等，进行拍照、分析、推测相关数据。对于特殊位置，应用全球卫星地理信息系统仪（GPS）定位，确定物种分布点位和海拔。若遇到特殊情况，如存在疑问的种类，可借助鸟类识别工具书或请专家鉴定，再进行定名和记录。还通过查阅在该地区鸟类各历史

考察途中遇到的各种动物尸体，包括野骆驼、金雕、白尾地鸦、漠雀等，均属于意外死亡，估计是在水源地氰化物中毒或遭到猎杀。(马 鸣 摄)

阶段分布的有关文献资料，获取所需信息。另外，对核试验基地、罗钾矿区、湿地恢复区、白尾地鸦与黑颈鹤等特殊地点的鸟类还进行了专项调查。在查阅文献资料、鉴定物种、数量与分布的基础上，更进一步地摸清考察地区鸟类的区系组成概况。分类系统参考国内外最近的资料，对比近三四十年来的变化。

考察结果

种类与数量统计

在这四次考察中，共观察记录到鸟类197种（我们调查123种），涉及19目46科109属，约占新疆鸟类的43%。其中40多种属于国家级重点保护物种，约占20%。我们这一次首次记录鸟类有46种之多，其中北鹀和红胸鸲等为新疆新记录。雀形目鸟类92种，占绝对优势，为种数的47%，其余各目的种类较少。

对观测到的59种鸟类比例分析，各生境类型中居民绿化点的鸟类最多，有26种，占了44%。其次是湿地18种、季节性洪沟谷地11种，分别占30%和19%。如果按照环境，人工林地8种、灌丛7种、沙漠7种、戈壁5种、苇地4种，其中白顶䳭和家麻雀为典型的广布种。以下是一些重要类群介绍，掺杂科普的内容。

迁徙路线上的雁鸭类（水禽）

雁鸭类在罗布泊地区为旅鸟或冬候鸟。历史文献记载该地区的雁鸭类14种，主要分布在孔雀河、塔里木河下游三角洲和台特玛湖地区。部分地区由于河水断流，现已干涸甚至沙化。这次考察在阿奇克谷地恢复二号区（40°19′N，91°57′E；海拔787米）附近记录到18种国家保护的有益的或者有重要经济、科学研究价值的"三有"雁鸭类，基本上均为旅鸟，其中针尾鸭、赤颈鸭等为该地区新记录。国投罗布泊钾盐公司的开挖卤水水域面积越来越大，几乎有185平方千米。我们没能在钾盐池仔细调查，只记录到野鸭几十只，由于距离较远未能识别到种。大天鹅维持着千百年来固有的迁飞路线，以为碧波荡漾的罗布泊依然在那里，当它们找不着大湖，就会落入盐池而毙命。偶然，我们会在沙漠中看到它们歇息的身影，算是幸运的行者。

猛禽大丰收

猛禽的飞行系统非常发达，捕食能力强，地球上除了南极洲外，各地均有分布。但是由于贸易和栖息地的破坏，猛禽的种群数量稀少，现均为珍稀濒危鸟类。罗布泊地区地广人稀，隐域性的景观里爬行类和啮齿类较多，部分地区食物充足并且环境干扰较小，适合猛禽生活。1987年，中科院在罗布泊考察记录到8种猛禽；2007年，在夏训诚主编的《中国罗布泊》一书中记录到14种猛禽。我们这一次考察记录翻番，达到27种，占新疆猛禽种数的40%~50%，其中的鸢、鹰、鵟、雕、鹞、鸳、鹗、隼、鸮等均为本地区分布的物种。由于猛禽活动范围较大，所以还会有更多的种类被记录到，有待今后的继续考察。其中属于国家一级保护动物有金雕、玉带海雕、白尾海雕、胡兀鹫等，其他物种均为国家二级保护动物。列入《中国濒危动物红皮书》的有棕尾鵟、草原雕、秃鹫、鹗、猎隼、游隼、雕鸮等。

部分新增物种简介

参考以往罗布泊地区的考察记录，包括后来马鸣（2001）和夏训诚（2007）等相关统计资料，本次科学考察在该地区首次记录的种类有针尾鸭、赤颈鸭、拟游隼、黑颈鹤、金斑鸻、黑尾塍鹬、黄鹡鸰、北鹨、红喉歌鸲、叽咋柳莺、朱雀、灰颈鹀、小鹀等46种。

针尾鸭：于2010年9月19日，在阿奇克谷地恢复二号区芦苇湿地观察记录到3只针尾鸭。主要特征：头较小，颈部长又狭窄，雄性体形较优雅；两翼绿铜色的翼镜下有明显的白色条纹；虹膜褐色、嘴和脚为青灰色。

赤颈鸭：亦是在阿奇克谷地恢复二号区芦苇湿地观察记录到2只雄性、4只雌性。中型个体的鸭类，颈部短，而头部相对较大而圆。虹膜为棕色；嘴暗蓝绿色；脚肉灰色。

拟游隼：于2010年9月22日，在阿尔金山北麓老鼠沟（39°15′N，90°39′E；海拔2067米）记录到1只拟游隼。其体形较游隼要细小，眼下有细小的黑纹，头顶及颈部有少许棕色；胸前有明显的黑色斑纹，腹下布精细条纹。虹膜为褐色；嘴灰色，蜡膜黄色；脚为黄色。或按照游隼的一个亚种处理。附近其他动物还有灰颈鹀、渡鸦、蒙古沙雀、漠林莺、漠鹏、大沙鼠等。

黑颈鹤：属于大型涉禽，身长1.1～1.2米，翼展1.9～2.3米，体重4～6千克。全身灰白色，颈和腿修长，头顶血红色，并布有稀疏发状羽。我们这次在罗布泊地区记录到的黑颈鹤，可能是目前黑颈鹤分布的最北端，也是海拔最低点和极端干旱区域的一个新记录（40° 19′ N, 91° 58′ E；海拔790米）。

金斑鸻和黑尾塍鹬：各遇见1只幼鸟和2只迁徙鸟，均是在阿奇克谷地恢复二号区芦苇湿地观察记录到的，时间为2010年9月19日。周边植物多为芦苇，还有盐角草、柽柳等。其他记录到的鸟种还有黄鹡鸰、黄头鹡鸰、文须雀、环颈鸻等。

北鹨：新疆鸟类新记录。9月15日，在雅满苏镇磁海铁矿公路第一项目施工驻地（41° 13′ N, 93° 29′ E；海拔1143米）意外记录到1只北鹨，我们以为是红喉鹨。当时，北鹨正在生活垃圾堆附近觅食，观察发现其背部有两道明显的白色条纹，脚为粉红色。

红喉歌鸲：遇见1只在考察营地黑山口附近（41° 30′ N, 91° 52′ E；海拔1164米），时间是2010年9月19日。

叽咋柳莺：是在2010年9月21日，在罗布泊镇加油站附近（40° 28′ N, 90° 52′ E；海拔780米）和红柳井（40° 00′ N, 90° 58′ E；海拔786米）分别记录到1只和2只。显然，它们是在迁徙途中。

大朱雀和小鹀：于9月15～16日，在雅满苏镇的人工绿化带附近（41° 13′ N, 93° 29′ E；海拔1217米）记录到大朱雀2只及小鹀6只。

讨论

根据以上考察结果可以看出，野骆驼自然保护区秋季鸟类中雀形目在种类和数量上占据优势地位，从空间分布上看，居民区和湿地生境类型成为鸟类重要的分布区。同时，该地区内还分布着国家重点保护和濒危物种，像野骆驼、雪豹、玉带海雕等，所以开展生物多样性保护工作刻不容缓！近几年，随着人类经济的

考察队来到彭加木纪念碑前瞻仰和怀念失踪多年的先生，右为彭加木肖像和家属留下的遗物（马　鸣　摄）

彭加木遗像和遗物
（马鸣摄）

开发活动，如在保护区内旅游、开矿、修路、采石、西气东输工程
等，都带来严重的环境问题，造成鸟类栖息地的破坏。现代化工
业（如金矿）排出的重金属、氰化物等剧毒物质，对当地的野生
动物的生存和繁衍均产生严重的后果，导致它们繁殖率下降，死
亡率增高，严重影响了种群数量和生物多样性，应引起高度重视。

特别致谢

由衷地感谢新疆罗布泊野骆驼国家级保护区管理局提供此次野
外考察的机会。感谢为此次考察提供帮助的所有单位和个人，尤其是
张宇（已故局长）、袁国映、李彤、袁磊、程芸、张超、高丽君、张俊
新、朱孝忠、盛贵军、周旭东、托里、帕尔哈提、孟宪刚、潘建斌、黄
祖贤、杜维波、徐龙飞等全体考察队员。感谢哈密市、磁海铁矿、国
投罗钾企业、若羌县、库尔勒市等地方单位的热情接待。

七、在沙漠公路两侧寻找地鸦窝

    沙漠公路对地鸦的负面影响，诸如撞击、碾压，特别是对于没有经验的年轻个体，碰撞时有发生，统称之为"路杀"。另外，汽车尾气污染、噪声干扰、灯光等确实大大增加了地鸦的非自然死亡率。随着道路畅通，人流加大，无疑各种干扰也随着增加。除了鸟类，伤害最大的还是那些陆栖动物，如兽类、爬行类等，会导致种群隔离和栖息地破碎化。但是，我们在2012~2013年调查并发表的一个调查报告显示，塔克拉玛干沙漠公路附近地鸦的丰度，没有减少，反而增加了。这是怎么回事呢？

    在调查地鸦沿着沙漠公路分布密度或丰富度（丰度）的同时，科学家用了三个测试概念，一是警戒距离，二是起飞距离，三是遇见距离，也就是安全距离，依此在八个观测点同时测试和评价沙漠公路上白尾地鸦的反应灵敏度与适应程度。结果表明，经过近二三十年来的逐步适应，地鸦在公路附近活动和避险能力提高了，遇见汽车或人时的起飞距离都有较大的减小。这些结果还表明，沙漠公路及其两侧的防护林吸引了更多的白尾地鸦来沿线栖息、生活和筑巢。地鸦的适应性增强了，就是说更聪明了，警戒行为也有了显著变化。

    其实，关于公路对野生动物的危害，研究报告非常之多，观点各不相同。依据风险干扰假说，动物在受到人类干扰时会表现出规避风险的行为，因为它们将干扰视为一种掠夺性威胁，性命攸关。科学家以青藏公路及附近的藏羚羊为观测对象,验证了这个假说。离开道路越远,藏羚羊觅食持续时间和频次会增加,警戒时间和警戒频率则会降低,这表明藏羚羊存在与道路相关的风险感知。而藏羚羊在交通高峰期则表现出更多的避险行为,这与风险干扰假说相一致。

在荷兰,对于地栖的鸟类,路两侧的种群数量减少非常显著,下降幅度可能达到了16%。这种负面影响是多因素累积的,包括强光、路杀、噪声、重金属污染等。但随着物种的逐步适应,确实也出现了一些不同的反应。如在丹麦,有人观察了云雀对道路两侧和附近农田选择的差异性,不仅在路边的觅食强度高于农田,云雀还喜欢在路基附近营巢。在西班牙,繁忙交通线附近的物种密度通常比较低,但是对于高度适应人类活动的物种,如家麻雀和原鸽,却表现出相反的模式。可能是因为它们有更多的觅食机会,如在附近垃圾场丢弃的残羹剩饭、休息点人们故意投食和邻近巢址的可适用性,在边缘的繁殖密度更高了。

南京大学李忠秋团队,利用警戒距离和起飞距离评价青藏线对雪雀的影响。假设路边村庄为高影响区,青藏铁路与青藏公路之间为中影响区,而远离公路的其他地区为低影响区。结果表明,随着道路效应的增加,雪雀的警戒距离和起飞距离显著降低,说明青藏线对雪雀的警戒行为有显著影响。这和地鸦与沙漠公路的情况很相似,离公路越近,地鸦的密度反而越大。显然,在路边绿化带里，地鸦找到了更多的食物和庇护所。

2017年4~5月，我们一行再一次踏上去南疆民丰县的沙漠公路，调查公路两侧地鸦的繁殖情况。这应该是在执行国内第二个地鸦专项——国家自然科学基金资助项目（31401986），探索了沙漠公路干扰对白尾地鸦生存现状、分布格局及行为模式的影响。现在条件好了，交通方便了，设备先进了，卫星跟踪仪、红外照相机、遥控无人机、沙漠巡洋舰，应有尽有，都配备上了。考察队的人员也换了一批，都是年轻人，摩拳擦掌。新来的博士、博士后、在读硕士们研究思路好像都不一样，干劲很大，热火朝天。下面是根据张新民、童玉平的考察日记（节选）整理的野外记录和趣闻，最后附上王学锋的一段笔记，正好弥补时间上的不足。

4月11日，晴，气温 17℃~37℃

今年的地鸦考察，好像启动晚了一些。早晨8点，我们一行4人，由徐峰博士带队，驱车从乌鲁木齐出发。大家兴高采烈地，一路上有说有笑，这次的目的地是塔克拉玛干沙漠公路沿线几个观测点及民丰县。当我们进入托克逊，欢声笑语戛然而止。这里是新疆著名的"火洲"——吐鲁番洼地，是中国最低的地方（海平面以下154米），气温异常高。中午在托克逊匆匆吃了碗拌面，就又出发了。一路无语，走走停停，因为天气太热，开车怕犯困，一遇到服务区就进去歇一会，安全还是第一呀。下午6点左右，我们顺利到达了沙漠公路北端的轮台县，决定早早安顿下来。因为明天要乘凉快，早一点进沙漠。

4月12日, 晴

很早就起来了, 收拾利落, 提前把各自的东西放到了车上。这个酒店挺好, 准备了早餐。虽然只是两个面包加两个火腿肠, 不错了, 吃下去也能顶一阵子, 关键是为我们节省了不少时间。提前买了几个馕, 饿了就在车上吃吧。

出了县城就进入了举世无双的沙漠公路, 真是条好路, 笔直笔直地一直延伸到天边, 视野开阔, 车辆还少, 那就加油跑吧。可一看路标提示, 都傻眼了, 限速60千米/时, 不可思议。但总是有道理的吧, 安全最重要。

穿过塔里木河大桥, 路的两边是一望无际的胡杨林, 甚是壮观。但还是看不见绿色, 可能是叶子还不够大, 也许离我们有些遥远吧。还有很多枯胡杨依然屹立在沙漠之中, 这就是胡杨精神, 三千年不死, 死了三千年不倒, 倒了三千年不朽。

在人们心中, 沙漠公路是荒凉的, 走过沙漠公路的人都有所震撼。路的两边竟然有两道绿色屏障, 挡风防沙, 保护着公路, 真是奇迹。有植被就有生物, 果不其然。休息时养路师傅就说, 看到过狐狸和野兔出没。偶然还有鸟类, 我们第一个想到的就是要找的鸟 —— 白尾地鸦。但几次停车休息, 并没有发现地鸦。

走出胡杨林, 沙丘起伏, 大家开始犯困了。司机可不能困,他担保着大家的安全。突然我看到有鸟飞过，车速减慢，没错是它，是地鸦。但不一定就是白尾地鸦，因新疆有两种地鸦，还有一种是黑尾地鸦。因车速度快，停车时已错过观察的最佳角度。倒回去二三十米停下来，徐峰博士一眼就认出是白尾地鸦。真是踏破铁鞋无觅处，得来全不费功夫，我们赶快照相和打开GPS定位。

别说地鸦还真给面子，两只上下翻飞，好像在我们面前显摆一下，意思是说在这样恶劣环境下，我们照样生活得自由自在。一会儿它俩便飞得无影无踪。现在这个季节，其实就是鸟儿的繁殖期，它们是建筑自己的爱巢去了吧。再见，我们还要赶几百千米路，进入沙漠腹地，去寻找地鸦比较集中的繁殖地。

这下车里有话题了，徐峰博士跟随马鸣教授多年，自然知道地鸦的一些知识。而同车的童玉平博士和石河子大学的女孩，初来乍到，我看也是一知半解，一头雾水。那个在石河子上大学的宁夏女孩叫李欣芸，一脸的茫然，可能没有备课，亦是头一次见到真正的沙漠和白尾地鸦吧。

白尾地鸦这种鸟极其神秘，沙色的外衣，长嘴巴黑灰色，略微朝下弯曲。头顶上一块黑色，好像戴上了贝雷帽，当怒发冲冠的时候，更像是嬉皮士。真是绝配，往沙漠里一蹲，不注意根本发现不了。而且还有一种特别的技能，就是在沙地上奔驰如飞。

走过沙漠的人都知道，行走一步是多么的艰难。而这种鸟就这样神奇，我给它起了个名字，就叫神行太保吧。说远了，我们还要赶路，今天必须赶到民丰县。之后，这一路无人再犯困了，话语不断，聊的最多的一个主题就是白尾地鸦。

傍晚，顺利到达民丰，累了，赶快休息，睡个好觉。

4月13日，阴

又起了个大早，今天要去的地点是生产建设兵团一个团场（农场）。因为是阴天，进入了荒野，就比较凉爽，车窗降了下来，外面的景色尽收眼底。离开民丰县城，不一会儿突然出现了沙尘暴，能见度只有一二十米。满天黄沙，分不清方向。打开GPS导航仪，在流沙路上慢慢挪动。

4月14日，阴，沙尘天

这个季节正是风季，早上西北风，下午东南风。漫天黄沙尘埃，漂浮在天空上，几天都落不下来。风停一会，人出门几分钟就满头满脸的尘土，也不知道白尾地鸦是如何生存的。

位于民丰县与且末县之间的这个团场，是一个成立不久的农垦团场，设在了沙漠腹地。可是，就是这样恶劣的地方，白尾地鸦还真不少。在路两边的灌木丛中，陆续发现有二十多只，总是成双成对，穿越公路，跑来跑去。只要发现踪迹，我们就跟上去，看看能否找到它的巢。一上午过去了，一无所获，大家极其疲劳。中午随便吃了点干粮，继续寻找。小童首先发现了情况，兴奋地大喊："找到了，找到了。"但过去仔细查看，只是一个旧巢，空空如也，窝内已经被细沙填满而废弃了，没有什么研究价值。后来又发现几处，也都是一样。

　　这也太难了，只见鸟儿不见新巢。在我们感到绝望的时候，就在我们停车的地方，有了重大突破，发现了一处白尾地鸦的新巢。事情往往就是这么奇怪，白尾地鸦的巢一般建在远离公路的灌木丛中，离地一米左右的高度，谁能想到它却建在车水马龙的公路旁边。巢很是隐蔽，比较低，建在了人工防沙的芦苇与灌木树枝下面。空隙之中也只有一个鸟可以安身。已经产下了两枚卵，卵壳为淡灰色，有些黑褐色小块斑。

　　因为交通繁忙，她不太怕人，见多识广了，所以窝很难被人发现。人走近了她亦不飞，到两米了才飞出窝来。细看建巢的材料，真是让我们大吃一惊。这个鸟真是太聪明了，竟然选咱们人类用于包装苹果、香梨的网状海绵材料，当然还有些碎草及兽毛、骆驼绒、羊毛什么的像毡子一样致密。巢建得很温馨，圆圆的杯状，坐北朝南，遮风又挡雨。大家兴奋之余，就是要看看怎么样架设监测设备，把鸟儿的一举一动都记录下来。别看巢已找到，但要测量和安装设备还真有一些难。巢外边有很多树枝，刺刺丫丫，显然绝对不能拿刀砍。要想把她的卵拿出来测量都很困难，别说安装摄像探头。就是这样，小心再小心，拿出一个卵检测，结果把李欣芸的手都弄破了。

通过红外探头，我们间接地观察到了亲鸟的一些
孵卵和育雏行为，包括夜间的行为，做到了一天
二十四小时连续观测（课题组录像截图）

4月15日，阴，沙尘天

　　刚出来才几日，寻找地鸦巢还勉强说得过去，但是要架设好
摄像的探头设备，真是个麻烦事。因为是在公路边，各种车辆来
来往往，一是操作不安全；二是怕被人发现了搞破坏；三是对鸟的
干扰太大，怕它弃巢。我们格外小心，提前准备好所有的工具和
器件。在开始操作和安装设备时，让一个人放哨，观察看是否有
车辆或行人来。平时，这里人迹罕至，最多就是养路段的人。而
车一出现，我们立马停下来，装作游山玩水看风景的"驴友"，车
一走立马进行安装工作。

可惜，这套红外探头设备落后，像素比较低，隔一天就要更换电池，这样对地鸦的干扰真是太大了。一开始我们来了，鸟就飞走，次数多了，快成为老朋友了吧。今天我们来，鸟只是象征性地跑步藏起来，为了不使卵着凉，我们也是手忙脚乱，以极快地动作把探头安装好了，就赶快离开。

有时，我们会在不远处用望远镜观看，记录一下地鸦的回窝及孵卵行为。不一会儿，也就是我们离开巢穴几分钟，鸟儿便低着头鬼鬼祟祟回来了，她不直接进巢，而是弯弯曲曲绕着跑进巢区，真是太聪明了，是害怕别人发现它的巢穴吧。

检查完这个巢穴，我们还要继续寻找新的地鸦巢。可怜我们，接下来在沙漠里转了大半天，还是只见鸟儿飞来飞去，不知道窝在什么地方。傍晚，我们筋疲力尽，找巢的行动宣布失败。不得不想别的办法，有人建议进驻民丰县的另外一个好去处，在沙漠腹地找一个小小的绿洲，打一枪换一个地方，不要放空枪。

4月16日，阴，沙尘天

这个在沙漠里新建的农垦团场，只有几百户人家，昆仑山上流下来两条河——喀拉米兰河、莫勒切河，包围夹持着这个团场，也算是一个世外桃源。虽说来这里找到的巢不多，但对于我们来说还是有一点希望的。只要有希望，就不言放弃。昨天有人建议换个地方，这里的风沙太大，地地道道就是一个"风沙窝子"，整天都是灰尘弥漫，遮云蔽日，蓬头垢面。徐峰博士比较固执，他认为还不能走，刚刚安装好探头，再观察几天看看。

4月17日,沙尘天

离家出门已经有一周了,没有遇上几个好天气。天上总是灰蒙蒙的,空气中散发出泥土和沙子的味道。在户外的人,都不得不戴上口罩。沙子眯眼咋办,还好小商店里有卖防沙镜的。我们戴上口罩、夹着防沙镜、穿上防晒服,严严实实,还真像防化战士。收拾停当,我们出发了。

轻车熟路,一切还是那么平淡无奇。到了鸦巢跟前,有的人忙着检查储存卡和换电池,有的人就打扫车内外的沙子,顺手把吃剩下的馕渣及饼干碎片倒在了路边的沙地上。我们极快更换完电池,回到了车上。方圆几千米都找遍了,应该没有新巢了,回去早了也没意思,那就远远观察一下鸟儿的行为吧。

不一会,奇迹出现了,地鸦绕曲线回到巢的附近,她不是直接进巢,而是大步流星地跑到我们刚才倒碎食的沙地上,大吃起来。奇了怪了,她是如何发现的,一不是千里眼,二也不可能有军犬的嗅觉。馕渣碎食的颜色和沙子颜色很接近,她是如何发现的!可能地鸦一直在不远处窥视我们,一举一动看在了眼里,记在心上了。

接着,更不可思议的事情发生了,地鸦用它那善于奔跑的爪子,速度极快而老练地动作,把沙子挖了个坑,把食物一点点用朝下弯曲的嘴,一个一个地啄进坑中,又迅速用沙子添平。来回搬运、挖坑、填埋,这些动作也在几分钟内完成了。

沙漠里的食物有限,难道她已经进化到如此的聪明,有了贮存食物的特能。那么,问题出现了,沙地的相貌东南西北中都是

在胡杨树下，当地牧羊人简陋的茅草棚，逐水草而居，依然是非常原始的游牧生活（徐　峰　摄）

一个样，每天都可能被风沙和移动沙丘覆盖，以后她是如何能再找回这些食物的，这真是个未解之谜。别说是鸟儿，就是咱们人类在沙漠里埋藏一点东西，隔几天你返来再找，也不一定能够找到。神奇的大自然造就神奇的物种，用一种粗俗的话来说，猫和狗尿水各有各的门道。

4月18日，阴，沙尘天

在沙漠深处，我们遇到了一位孤独的牧羊人。因为，在这方圆几十千米的沙漠中，只有他一家人。说是一个家，其实就他一个人，很孤独的"老汉"。房子要有多简陋就有多简陋，床是苇子和葵花秆拼凑的，褥子放了两张羊皮，被子也是一件破皮大衣。

一个锅，这就是一个家。但在队里他还有一个家，我们曾经也去过，还算说得过去。牧羊人很诚实，从他眼神里看到他也很善良。在接下来的接触中，证明我们的判断是正确的。

他还给我们送了点肉苁蓉，这也是沙漠中的特产，人称沙漠人参。说是大补，有没有这个功能，就不知道到了。一头毛驴子，这是他唯一的交通工具。留着长胡子，不知道的还以为他六十多岁了，其实人家才四十岁，正当年呢。这边有几个巢，每隔几天都来看看，有的时候他也带着我们在沙漠上巡查地鸦窝，不辞辛苦。

我们队伍里的两位姑娘，长期在城市里工作和学习，哪里受过这个苦啊。天天在沙漠里穿行，前方根本就没有路，有的时候进到红柳灌丛里面，把她们的衣服都刮烂了。才一周多的时间，小童的鞋子就报废了。回到车跟前，我们都认不出她俩了，满身是沙土，头发也乱了，衣服也破了，活脱脱地两个蓬头垢面的土人。

4月19日，阴，沙尘天

来这里连续几天都是沙尘天，没有办法再待下去了。真是没招了，找了这么多天，还是没有找到几个巢。这些宝贝地鸦，惦挂在我们心里，哪儿也去不了。每次去观察，或者更换存储卡和移动电池。之后，下决心多跑上几十千米搜索，效果更差，连个鸟毛都没有看到。倒是发现了一个水库，去看了几次，水鸟也是寥寥无几，只看到了几只普通的野鸭，大失所望。总不能只守着这些个巢吧，样本量太低了。决定去一个小地方安迪尔，碰碰运气。

安迪尔离我们住的地方有百十千米，已打听了那里也是地鸦的繁殖地。说走就走，繁殖季不等人。一路走走停停，也给我们

很大的惊喜,因为在路上看到很多次地鸦。那就先定个位,在附近搜索一下吧。出了住地,太阳就出来了,真是把人都烤焦了,看着地鸦在周围飞来飞去,跟踪追击,跟它打上两三次照面,它就飞得无影无踪了,再一提找巢,心就发慌。它在跟我们捉迷藏,好像说你见我容易,想找到我家,没门。

4月20日,晴

到达安迪尔,意外遇故友。安迪尔,一个名不见经传极度贫穷落后的地方,居住者大多是少数民族,汉族人极其少,开集时可以碰到几位做生意的。进到安迪尔,首先是看看有无吃住的地方,这对我们太重要了。不巧,走过来一个干部模样的汉族同志,问我们是从乌鲁木齐来的,他怎么知道。噢,我们的车牌子告诉了他。一打听才知道,原来他是自治区科协的副主席谢国政,他们一行人在这里扶贫蹲点呢。

他乡遇故人,赶快联系,不是简单地见了个面,而且还请我们吃了顿饭。这下可好了,有领导在这儿给我们开绿灯,不愁我们完不成任务。这位热心肠的领导牵头,给我们找了当地的向导。向导很能干,是位少数民族同志,叫买买提,而且汉语说得好。给他说了我们的本意,他拍着胸口说"没麻达"(意思是没问题),让大家兴奋至极。准备一下,明天我们就进入沙漠,谁知道好事多磨,第一天进沙漠就给我们来了个下马威。

安迪尔有一条河，好像就叫安迪尔河，从昆仑山上流下来，虽然两岸有胡杨树点缀，流淌的却全是泥浆（马　鸣　摄）

4月21日，晴

　　昨天在安迪尔转了一圈，周围看看，熟悉一下环境。经过观察，已知这边的地鸦确实不少。所以大家都兴奋地一夜没有睡上几个小时，早上起来，马马虎虎吃点东西，就出发了。也是心急火燎，想乘着凉快，尽快进入沙漠。向导说有个古城在沙漠腹地，那里人去得少，对地鸦的干扰可能要少一些。

先是沿着小路走了几十千米，就要进沙漠了，向导朝北指了指说就这个方向。什么呀，前方根本就没有路了。我们下车向前一看，真是惊呆了，这怎么进去呀。只看到连绵不断的沙丘，怎么可能有路。向导说原来是有路的，因为无人管理，路已经被沙子吞没了。也是艺高人胆大，为了咱们的科研事业，那就冲吧。挂上四驱向前冲，也只是冲了三五个沙丘，车子就爬不动了。刚才，在翻过一个沙丘的时候，车子几乎要翻了，吓得两个女孩大声喊起来，脸都变色了。

几个人全都下车了，围着汽车转一圈，轮胎几乎被沙子吞没。车底盘架子被沙子托起来了，加油时轮胎只是空转。没有办法，只能挖了。车若挖不出来，那我们几个人只有被沙海吞没，不会去见彭加木了吧。沙海茫茫，真是令人胆战心惊。这里人烟稀少，远离居民点，远离大公路，就是到前面的小路口，一天也等不上一辆车，谁会到这个地方来。简直是绝望了，只有自力更生。

沙漠腹地连个草都不长，怎样能垫起汽车的轮胎！突然我们看到了救命稻草，那就是远处枯死的胡杨树干。倒在沙地下的胡杨树，有的只剩下树皮那薄薄的片片。这正是我们所需要的树皮纤维，挖一点垫一点，一米一米地挪动。我们整整挖了大半天，车子终于开出来了。谢天谢地，谢谢我们的神树胡杨，是你救了我们。这一天就以失败而告终，明天会柳暗花明又一村么？

辛苦的野外考察，只有摩托车可以方便一些带着我们进入沙漠腹地（徐 峰 摄）

4月22日,晴

前前后后我们请了两个当地维吾尔族向导,一个是懂汉语的,算是当地的百事通。而另外一个是朴实、忠厚的老实人,是个放羊老汉,五六十岁,只会说很少的汉语。他要放羊,一个人临时住在十几千米以外的沙漠里,茅草屋的附近有胡杨树,可以遮蔽风沙。他对地鸦的分布是比较了解的。我们经常用他的摩托车,在沙漠里四处乱跑,寻找或检查地鸦窝。因为经常加不上油,租赁费就比较高。他每周星期一早晨还要走路或者骑小毛驴回村里升国旗,也是辛苦。

　　在沙漠里找巢很辛苦,最开始跟着向导走路,来回十几千米,硬着头皮也得跟着。后来骑着他的旧摩托车,带上我们的学生进沙漠。体重太大的徐峰,都不能上去,因为旧摩托车带不动他。老向导还在沙漠里挖大芸,他的家里晒了好多中药材。他经常在沙漠里行走,用脚踩沙地,就知道沙子里有没有大芸。还没有长出来的大芸,他的脚竟然能够感觉到。

　　近十天的时间,找到的地鸦窝不到十个,样本量还是不够。当我们的车进不去沙漠的时候,只能送到一个比较近的地方,徒步寻找。再后来近处的地鸦巢都找得差不多了,就跟着向导跑更远的沙漠腹地里面寻找。有的时候要走二三十千米才能找到,没有摩托车显然不行。

4月23日,晴

　　野外工作除了访问、寻找、定位、观察、拍照和记录,还要定期测量,绘制育雏的逻辑斯特生长曲线,我们要用数据说话。

　　这几日一直在沙漠里寻找地鸦巢,我们一直穿梭在团场和安迪尔之间。安迪尔是我们未来的希望,而团场的几窝,也是我们的牵挂。算一下日期,应该是小鸟出壳的时间了。我们已经有几天没有回团场了,大家的心都惦记着。不行,今天就回团场看看我们的小雏鸦出来了没有。今天一路上发现的地鸦不如前几天的多了,原来有十几个定位点,都不见它们的活动踪影。看样子要找到鸟巢更难了,你想母鸟在家抱蛋,公鸟为寻食而忙碌,它们哪有时间站在路边望景亮相。

来到团场，意外的事发生了。回到鸟巢边，竟没有看到亲鸟，也许她去上厕所了，也许她去活动活动筋骨。大家七嘴八舌地说出很多的也许，还是没有等到地鸦回窝。换上电池，离开吧。也可能她知道我们要来，提前藏起来了。没关系的，我们有自动记录设备，明天看吧。大家虽然嘴里没说出来，可心里在祈祷着，千万别出事。

4月24日，阴

昨晚刮了一夜的风，大家起得很早，心里有事忐忑不安，怎能睡好踏实觉。谁也没提吃早饭的事，一块儿上了车，直奔鸟巢。天那，不想发生的事还是发生了，鸟儿这一夜根本没有回来，巢里及卵上都有不少的沙子，这是昨夜刮风的结果。记录仪也不用看了，给我们的第一个印象就是鸟儿弃巢了。但我们的记录仪及鸟巢都完好无损，不会有其他人或天敌什么的搞破坏。

这也太令人失望了，什么原因？是我们常换电池干扰到她了，还是大鸟出了意外，如中毒、车祸、被猎杀等。因为窝距离公路太近了，她又喜欢在公路上觅食，出车祸的可能比较大。大家分头在前后一千米左右的公路上做地毯式搜索，一无所获。这个无头案是无法破解了，没有办法，我们只有把卵收起了，放入酒精瓶里做成浸泡的标本吧。

祸不单行，在拿卵的过程中，也不知道小童是怎么了，竟然把一枚卵掉到了地上打碎了。真是奇怪，卵不是掉在沙子上，偏偏落在了一个石头上。早已死去的幼鸟胚胎在卵中缩成了一团，也就是再有两三天就出壳了，太可惜了。小童的失误让她难受极了，我们大家还能说啥。这个令我们兴奋、充满希望的窝，立刻成为我们失落之地。

4月25日，晴

安迪尔是一个很小的地方，方圆几百米，站在路的这头可以看到街的那头。没有什么外人，大都是本地少数民族同志，但吃饭和住宿还是没问题。我们还发现一个怪事，这里灌溉渠道的水，可以说不是水，流的是泥浆。渠道每年都要清理，风沙太大了。

通过翻译兼向导买买提询问和打听地鸦的消息，终于我们的事有光明了。向导说有放羊的少数民族同志知道地鸦的巢穴，他们世代在这里生活，很有可能知道的多一些。大家喜出望外，心中又有了盼望。经过仔细询问，向导说这个巢离这里大概有四五十千米，又是在沙漠腹地。接受上一次的教训，不可贸然挺进。

犹抱琵琶半遮面，两位神秘姑娘始终让我们着
迷，她们在一望无际的沙漠里穿的花花绿绿的，
也是为了安全（徐 峰 摄）

　　这时，在一条河道尽头的一片滩地上，我们发现有两只黑鹳在散步。意外收获珍禽，令大家十分高兴。赶快停车拍照吧，黑鹳是国家一级保护动物，见着不容易。附近还有一些野鸭、老鹰和白翅啄木鸟等。这个小河道可以利用，沿着河床车子还勉强可行驶，比走在沙子上要保险多了。

　　沿河道行驶大约五六千米，车子的确无法再走下去了。只有改乘牧民的摩托车，当然不管是让别人找巢或是利用摩托车自己找巢，都是要付出代价的。徐峰因为家里有事已提前回去了，他的会议特多，其实只有三分之一的时间待在这边。我们几个人，其中两个是女孩子，外出要注意安全，已经提前与当地的派出所联系过了。

　　也不知道姑娘们坐过摩托车没有，一开始让她们俩人挤坐在后座，向导心猿意马，也可能油门加得太猛，起步时三人竟然从摩

托车上掉了下来，摩托车像一匹野马飞了出去。还好三个人都没有怎么受伤，爬起来打打土，就又出发了。

当天在向导买买提的带领下，我们找了两个巢。巢在柽柳灌丛的中间部位，大概离地一米三左右，都已产卵。这次的窝卵数始终没有超过三枚，显然今年的气候和食物都不理想。可能人类的干扰也比较大，地鸦的繁殖相比一百年前，窝卵数减少了几枚。向导说还有第三个巢，在比较远的沙漠深处，可能有三枚蛋。调查显示，越是远的巢，干扰就越少，窝卵数可能就越多。今天赶不过去了，只有等明天去吧。

4月26日，晴

当地政府对我们的到来极为重视，专门挑了一个少数民族干部协助我们工作。也可以说为考察队选了一位当地的能人吧，对我们寻找地鸦窝帮助特别大。他还要叫我们去他家吃饭，对于他的一片心意，我们婉言谢绝了。热心向导还给我们展示了他收藏的玉石，给小童、小李分别送了玉石小礼物。不能白拿人家的东西，我们就决定花钱买一些送人。明明知道玉的质量不是太好，给他几百块线，算是扶贫了。他确实对我们的事上心了，积极联系长年在戈壁滩、沙漠里放羊的牧人。功夫不负有心人，还真找到了一些地鸦的巢穴。

4月27日,沙尘天

今天天气不好,在科协领导的邀请下,我们决定去当地的学校开展科普教育活动。一个小乡村,听到了有研究人员、博士、硕士研究生来这里搞调研,一传十、十传百的都知道了。首先是学校的老师们,无论如何也要通过科协的领导见个面,要求给学生们搞一个科普教育讲座,这可是千载难逢的好时机。而且,学校专门派了一个老师来接我们,路过附近的一个胡杨林景点,就顺路进去看了看。其中,有一棵参天大树,古树干的直径我们五个人手拉手都抱不过来。

科普教育是在乡里学校进行的,学校里干干净净,教室里专门布置了一下,听课的学生都是各班选的优秀生。因为教室太小了,装不下那么多的人。主讲是童玉平博士,她讲了一下环境保护,又讲了对鸟类的调查,怎么认识小鸟。接下来有一个相互提问环节,学生们积极性特别高,争着举手发言,答对了还奖励一本我们编写的保护地鸦小册子。报告会很成功,可以看得出来,这些孩子们对知识的渴望。好好学习吧,孩子们,你们是祖国的未来,你们是新疆的希望。

4月28日,晴

沙漠古城探险,上一次失败了,向导买买提也不敢再提起此事。对于我们几个,安迪尔古城还是非常有吸引力的,我们不仅是为了寻找地鸦的巢,探索西域三十六国遗迹和古丝绸之路故事,一直是个心中的念想。据史料考证,安迪尔古城始建于汉代,兴盛于大唐,于公元11世纪随着河水断流而逐渐被废弃。遗址主要由几个古城堡及周围的佛塔、墓葬、冶炼作坊和窑址等组成。其实，我们经常环绕南疆塔里木盆地考察，沿途路过许多遗址，如圆沙、丹丹乌里克、牙通古斯、瓦石峡、米兰、楼兰、土垠等，有的已有三四千年的历史。

对于安迪尔古城，我们想做一些对比。之前，我们就听说过地鸦为寻宝人或盗墓贼当"向导"的故事，因为地鸦也喜欢闪闪发亮的宝物，有收藏癖好。现在，汽车进不去了，我们可以徒步或者骑摩托车进去。在沙漠里，摩托车几乎无往而不行，更何况这里以前有路。下午，我们几个顺利找到了古城，还爬上了具有两千年历史的汉遗址，极目远望，沙海茫茫，起伏无限，浮想联翩。

令人意外，在古城堡里竟然找到两三个白尾地鸦的旧窝，这是米兰遗址（马鸣摄）

在沿途的红柳包上，收获了几处地鸦窝，不过都是旧巢。这里的环境可能太恶劣了，没有游客，地鸦早已经销声匿迹。

我们还去过牙通古斯古城，距离公路大概两千米多竟然发现了两三个地鸦旧巢。车也是开不进去，离古城几千米就陷车了。向导跟师傅挖车，让我们自己去找古城。他指了一个大概方位，我们就出发了，最后走错了方向，瞎转了半天。后来，向导赶到古城附近的一个大沙包上，喊我们过去，这才找到日思夜想的古代遗址。古城有好多木头的建筑，地鸦的旧巢就在古城里，太让人意外了。

4月29日，晴

安迪尔是个很偏僻的小村庄，每次进入村里都要进行例行检查。好歹我们有单位证明，又看我们是从大地方来的，都是搞科研的科学家，对我们很是欢迎，也十分客气。进入村里，首先是看到国旗飘飘，每家的门前都有。升得最高的是学校运动场上的国旗，细听还有唱国歌的声音。村子里的人都很淳朴，看上去"乡土气"还特别重，因为不停地老刮风，一个个都风尘仆仆。一条主路这头看到那头，算是街道吧，静静悄悄的。

街两边有三三两两做生意的店铺，他们住的房子看起来都比较新，鲜红的屋顶，听说是政府扶贫给新盖的。而且，政策很是优惠，要是建羊圈，国家都有补助，数额还比较大。真是要感谢共产党，感谢国家。他们的交通工具大多数是电瓶车，也有些摩托车。因为这里加汽油非常难，属于易燃危险物品，有个油库正在建设中。

　　每个星期一都要升国旗，附近村落的人都要聚拢过来，很热闹的。政府门前停了不少的电瓶车、摩托车，还有极少的小汽车和小货车。见树上还拴着马和毛驴，难道还有人骑马或是毛驴来的，这就无从考究了。

　　乡里来了些自治区科协的人员，帮助当地的农牧民脱贫致富。他们指导农民科学管理农作物，种植特色果树，使他们的收入大大提高，生活有了飞跃的改变。这里的甜瓜、枣子，都是全疆有名的。一片和谐的气氛。人与人的关系也很好，比如在荒山野岭，不管什么车在路上行驶，遇到行走的人都会停下来捎带一段路。和谐的社会，各族人民就像石榴籽一样抱在一起，谁也离不开谁。

4月30日，晴

　　已经4月底了，找巢的行动不再进行，主要是对鸟巢及育雏的观测。或者定期检查红外相机监测的图像资料，顺便定点观察成鸟的各种育雏行为。现在，尽量隔两天换一次电池，不要打扰太多。一定要接受上次弃巢的教训，有的亲鸟对人的气味很敏感。我们盼星星盼月亮，看小鸟何时能长大，了解繁殖成功率是多少，带着这些疑问只有耐心地等待。

　　大伙刚来时的新鲜劲已经都过去了，枯燥无味的工作，每天都在重复着。有一次，李欣芸去检查地鸦巢，突然她大叫起来："卵烂了，卵烂了。"我们过来一看，大笑了，傻瓜蛋，这叫破壳而出。小鸟出壳了，地鸦要当妈妈了，皆大欢喜啊。大家辛辛苦苦，等的就是小鸟出壳，快快长大。地鸦小鸟极可爱，绒绒毛毛的，好像个小肉球。一开始几天，小家伙还没有睁开眼睛，手一碰到它的嘴巴，就张开大大的。噢，这是要吃东西了。

小家伙长得很快，还不会飞，但只要能行走，就会跟着妈妈去讨生活了。有些地鸦产卵早些，三四月孩子都可以飞了。我们从飞行中就可分辨出是幼鸟，还是成鸟。幼鸟飞的速度慢一些，不像老鸟飞行自如。落地也不稳，有的落到树枝上还会掉下来，太可爱了。野外工作就要结束了，不说再见，白尾地鸦。

5月1日，晴

今天是劳动节，我们都在劳动。在农村里，也有农村里的乐趣。这地方虽然偏僻，但每隔一段时间，就有农贸交易活动，也就是赶集。在新疆赶集叫赶"巴扎"，与其他地方的赶集没有区别。乡下的巴扎也是挺热闹的，虽然不能说像世博会农副产品展销会那么宏大，在这里也算是一个微缩版。

早上，很早就有汽车、摩托车、马车、驴车、电瓶车、自行车的杂乱声音把我们吵醒。怎么这样热闹，一打听原来今天是巴扎日。难怪昨天就有人在路边打扫卫生，做生意的人也忙来忙去的，是为今天而准备呢。巴扎的场面不大，但很热闹，车水马龙，卖啥的都有，男女老少好像也精神了，都穿上了新衣服。

当地人称呼青年男女，男的叫儿娃子，女的叫丫头子。而维吾尔族则称男孩叫巴郎子，女孩叫开西巴郎。娃娃长得都很漂亮，共同的特点大眼睛双眼皮，长长的眼睫毛。女孩子长大化妆品都不用去商店买了,天生丽质,省不少钱。

巴扎里物资丰富,应有尽有,水果、新鲜蔬菜、布匹、服装、小百货等。这里还有火锅、麻辣串、凉皮子、凉面,有些应该是新引进来的吧。甜瓜和西瓜,有的切开卖,买整的更好。我们买了几块甜瓜和西瓜,吃了一下,还真是甜。都说这里的瓜有名,果然味道独特,名不虚传。就是太偏僻了,很多特产运不出去。巴扎上人来人往,热闹非凡,一直到下午慢慢散去,乡里又恢复了往日的平静。

5月2日,晴

在沙漠里竟然还会有天敌,除了恶劣的自然环境(也算是天敌吧),白尾地鸦的天敌有几种,包括猛禽和猛兽,如棕尾鵟、黑鸢、拟游隼、狐狸、野猫等。我们这次在录像中就看到棕尾鵟捕食窝里三只幼鸟的全过程,真是惨不忍睹。这个巢是建在一个红柳包上,灌丛的枝丫很密,应该不容易被发现。可能是幼鸟的乞食声,引来猛禽的关注。当看到棕尾鵟,初生牛犊不怕虎,幼鸟竟然拍打翅膀,它们不知道这是一只会夺取其性命的凶恶杀手。

棕尾鵟捕食幼鸟的过程非常残忍,它不是一下子杀死幼鸟,而是用锋利的喙叼起幼鸟,甩来甩去,直到断气,再撕扯着吞下去,只用了几分钟就吃完了三只幼鸟。对于这只棕尾鵟,就像是在打牙祭,还不够塞它

牙缝的呢。在录像里，我们看不到地鸦妈妈和爸爸，只能听到它们的惊叫声，应该是急得团团转。它们可能就在巢的下方跑来跑去，面对如此强大的敌人，一点办法都没有。

半小时后，亲鸟回到窝里，空空如也。亲鸟妈妈非常焦急，伸长脖子，来回寻找孩子，转着，叫着，喊着，跳着，或许是在寻找和呼唤自己的三个孩子，也可能是在呼喊伴侣，也可能是凄惨地哭泣。就如同一个失去了亲人的母亲，哭着叫着来表达自己的悲伤。我们不忍心继续看下去，鲜活的生命就这样一下结束了，深深体会到自然界的弱肉强食。

5月3日，晴

在幼鸟离巢期间，危机四伏，最容易被天敌攻击。

傍晚，在我们返回途中，就是因为幼鸟在树枝上跳来跳去，

测量幼鸟的跗跖长度和嘴峰长度（马 鸣 摄）

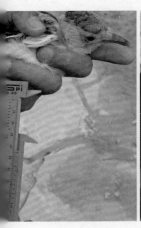

被李欣芸瞅见了。

她惊叫那是什么，我们深一脚浅一脚赶过去，原来是一只白尾地鸦幼鸟。

它还不会飞，竟然从胡杨树上掉落了下来。这是我们发现的最高的一个胡杨树的窝，树高6.6米，巢大概位于树的上部4.5米处。

我们捉住了两只从胡杨树上落下来的白尾地鸦幼鸟，迅速测量体重、体长、嘴峰、跗跖、翅长、尾长等。测量幼鸟体重可以评判其发育及成熟度，一只是110克，另外一只是100克，已经接近成鸟的体重。

窝内可能还有两只躲在里面，没有出来。因为胡杨树太细，树干太脆弱了，容易折断，巢也比较高，我们没有敢上去测量。只能在下面观察，幼鸟可能具备了离开的能力，虽然不会飞，但在沙地上奔跑和躲藏没有问题。

5月4日，晴

随着夏天的到来，白尾地鸦的繁殖季也接近尾声，幼鸟基本上都出窝了。因为南疆属于暖温带，气温比北疆上升的迅速，又是沙漠环境，十分干燥。据民丰县气象局资料，年降水量只有30毫米，年蒸发量却高达2756毫米，无霜期194天，全年日照2842小时。民丰县的地势南高北低，南部是昆仑山区，最高点海拔为6360米。中部冲积平原衔接着大沙漠，海拔在1100～1450米。全县有一多半的面积被塔克拉玛干沙漠侵蚀，研究区内有大的河流五条，如尼雅河、安迪尔河、牙通古孜河、叶亦克河、其其汗河等。

　　总结这次为时近一个月的考察，有许多观测资料填补了以往的空白。在监测的11个白尾地鸦巢中，有10个巢位于红柳灌丛里，胡杨巢仅1个。因此，我们称其为"红柳地鸦"，应该名副其实。首次全天候24小时监测地鸦的一举一动，共采集到视频资料438小时，其中白天287小时，夜间151小时。基本上证实了孵卵主要是由雌鸟承担，雄鸟的任务是提供食物和警戒。鸟类孵化方式多种多样，主要分为双亲孵化、单亲孵化和群体孵化；而根据孵化的时间不同，又可分为同步孵化和异步孵化。地鸦是单亲孵化，同步进行。

　　由于炎热的环境，地鸦翻卵比较频繁，晾卵的时间也比较长。一天最多翻卵和晾卵174次，最少翻卵13次。下午是雌鸟出窝活动的高峰时间，最多离开了35次，最少也有5次。通常刮大风的时候，雌鸟出去放风的次数就会少一些。繁殖期间，亲鸟警觉性较高，受到外界刺激会有激烈反应。稍有异响，立即伸长脖子观察四周，如发现入侵者，会发出"嘀—嘀—嘀—……"一串声音，报警或告诉同伴，也是给对方警告，不许进犯。

附：在沙漠公路上偶遇白尾地鸦育雏

（王学锋日记摘抄）

5月20日

白尾地鸦是塔克拉玛干大漠深处的精灵，号称"沙漠鸟"，一点儿都没有错。白尾地鸦的生存环境极为恶劣，它们却依然在那里顽强地生存。用伟大一词来形容它们，一点儿也不为过！

2015年5月20日，在这个美丽的初夏时节，白尾地鸦的幼鸟正在茁壮成长，……这天，我们有幸在阿拉尔市马光义老师的指导下，近距离观察到白尾地鸦家族式的生活情景。

初次看到它们的身影，我们十分激动，最难忘的就是初相识。而当我们第一次拍到它们的影像时，那种激动狂喜的心情难以形容！观察及拍摄过程中发现，它们特别容易受惊吓，警惕性特别高，它们始终与我们保持安全距离。我心里想，你是我们心中的宝贝啊，我们怎么忍心去伤害你，只是要为你拍照一下而已啊。

我们尽量不去打扰它们一家老老少少，尽量让它们能够自由自在地在地面上行走、觅食、交谈、哺育。可是它们依然动不动就要快速跑开，或者飞走，它们躲避我们，防范我们，视我们为强敌。于是，我们采取了匍匐前进的姿态，效果好得多。

我们观察到几个有趣现象，这只白尾地鸦成鸟在较长的时间内，仅仅带着一只幼鸟活动。而这只幼鸟的行为特征，就像咱们人类的小孩子一样的心理状态与行为方式，它始终跟着妈妈不断地跑来跑去，妈妈跑到什么地方，幼鸟就跟到什么地方。妈妈向东跑，幼鸟也跟着朝东跑。妈妈向南冲，幼鸟也跟着向南冲。妈妈飞到了胡杨根桩上，幼鸟则跟着跑过去，一步一步往上攀登接近母亲，尽量与她相依偎。甚至，它总是躲到母亲的阴影中，让母亲去承受那烈日炎炎的烘烤，而它自己却在母亲的遮挡下"避暑纳凉"。噢，原来小孩子在学习呢！

每当母亲飞翔而去，幼鸟会稍缓一会儿，之后就会跟着母亲飞行几十米的距离。

它这样亦步亦趋地紧跟着到底要干什么？观察发现，除了学习、模仿、练习生活的本领，幼鸟主要是乞食。

当成鸟用它的长嘴在土里刨食时，幼鸟总是跟随在旁边观察和学习。这个小家伙，它不爱劳动，它很少"自己动手"。

众所周知，大漠当中鲜有食物，更是干旱缺水。观察发现，这只幼鸟总是不断地张大自己的嘴巴，向成鸟要吃的、要喝的。每次，刚刚用完"早餐"时候不长，它就又要张开大嘴乞食。在白尾地鸦成鸟面前，幼鸟那扮嫩的模样、撒娇的动作，甚是可爱乖巧。它总是尽量获得成鸟的宠爱，以便获得更多的食物。你看，这幼鸟该有多狡猾。

还有一个发现令我疑惑。我没有查阅过资料，不知道有关专家有没有研究过，白尾地鸦成鸟的嗉囊会不会像有些反刍动物那

观察白尾地鸦在柏油公路上育雏，初生牛犊不怕虎，
看上去真是很危险啊（王学锋 摄）

样会反刍？反正，成鸟并不是把随地捡拾的食物原粒喂给幼鸟，成鸟自己在较长的时间内并没有进食，却能够随时从自己的嗉囊中吐出食物以及水分，喂食给幼仔。

看到这一幕幕情景，我们分明感到，鸟类的母爱真是十分伟大的！大漠深处的生命更是伟大！

白尾地鸦成鸟在喂食时，其头上的黑色冠羽动不动就竖起来，这是不是在表达成鸟的关爱与兴奋？我没有研究过，自然就只能拟人化地妄加猜测。

幼鸟的心态，它是只管向成鸟要吃的，却从来不管周边的安全隐患。而成鸟在喂食的同时，则会不断东张西望，或瞬间伫立远望，保持高度警惕，防范可能的危险因素。一旦有了危险，成鸟会很快地发出急促而连续的报警声，于是大家便迅速离开危险之地，躲到红柳丛中等安全地带。

一只白尾地鸦成鸟仅带着一个宝贝，让我们感到它们的繁殖率并不高，这样一个宝贝物种，亟须拯救与保护。

时光荏苒，光阴似箭。从有记录的1874年至今已经过去140多年了，而我们对白尾地鸦的认识与保护，并没有多大的长进。

相对于伟大的大自然，我们的生命也是历史的一瞬。感谢各位给我们这个机会，使我们的大脑可以自由驰骋展开联想！但愿通过这组白尾地鸦成鸟喂食幼雏的图片和文字，能够唤起更多的人来保护拯救它们，使白尾地鸦远离濒危！

5月20日（谐音：我爱您），在这样一个美好的日子里，我们与白尾地鸦初相识。我们会永远记住并珍惜这个日子，我们为新疆白尾地鸦祈福！白尾地鸦，我们爱你！

第六章

面临的威胁

马鸣 徐峰\文

第六章　面临的威胁

　　世界上仅有的四种地鸦都分布在亚洲极干旱地区,共同面临分布区域狭窄、种群数量稀少、栖息地丧失等一系列问题。人们并不重视对这类小鸟的保护,至今未被列入中国的保护名录,甚至在一些地方还在猎杀和利用这种野生动物资源。从蒙古国、伊朗、土库曼斯坦、乌兹别克斯坦、哈萨克斯坦等地反馈的信息表明,世界其他地方的地鸦状况也是不容乐观的。

一、益害评价

为什么提出"益害"问题，曾经的灭"四害"运动，在人们心理上造成了阴影。而且，中国的鸟类益害问题及其对农业的影响，已经讨论了几十年。20世纪50～60年代，中国的灭四害运动几乎将麻雀灭绝。对于鸦类，人们在评定其经济意义时分歧很大。这是由于它们的杂食性，在非繁殖季节吃谷物和嫩苗。但益和害都是相对的，有些地方利用鸦或鹊灭虫，取得了一定的成效。随着科学的进步，人们开始重新评价鸦类。

鸦类是不是害鸟

人们一说起乌鸦，包括其他鸦类，就会想起"天下乌鸦一般黑"的民谚。长期以来，百姓对鸦类的益害问题始终比较模糊，迷信和传说也使鸦类蒙受许多不白之冤，"乌"呼哀哉。由于其适应性强，种群数量有时比较庞大，鸟类学者和物种保护官员们就很少关心它们的生存状况及生态价值。因此，在国家级的物种保护计划和名录（包括红皮书）之中绝不会列入鸦类这样丑陋而卑贱的生物，甚至像地鸦这类特有的或独特的种类，也未被人们考虑过。

通过以下的分析，可以肯定鸦类特别是白尾地鸦、黑尾地鸦，都绝不是害鸟。

天下乌鸦，数量特别庞大，有的时候确实
令人恐怖（李 都 摄）

食物分析

2003年4月初对白尾地鸦繁殖期的观察表明,春季亲鸟每天喂雏40多次,平均每小时4~5次,100%都是昆虫或其他小型脊椎或无脊椎动物。包括金龟子、象甲(象鼻虫)、伪步行虫(伪步甲、漠王甲等)、步甲、叩头甲(金针虫)等。这些昆虫大多是在地表活动,统称"甲壳虫",即鞘翅类。其他时间也食蝗虫、蜥蜴、植物果实、种子、苇叶、双翅目幼虫及其他昆虫的幼虫等。胃检

发现，胃容物也含马粪、玉米、小麦等非动物性食物，属于杂食性鸟类。在大多数时间，特别是在作物生长的季节，它们主要食有害昆虫（如象甲、伪步甲、蝗虫），对农、林、牧业只有益处，而几乎没有坏处。2003年6月25日解剖一只白尾地鸦幼鸟，胃内有完整的金龟子或伪步甲等。2003年11月，初冬季节，解剖在库米什路段因车辆碰撞而获得的黑尾地鸦尸体，胃容物依然有蝗虫、步甲、蜥蜴等。

自然界的播种者

由于在干旱地区自然降落在地表的种子是没有机会发芽的，生活在沙漠中的地鸦对植物的传播有特殊的意义。杂食性或植食性鸟类的播种或传粉作用是众所周知的，没有这些鸟类，自然界的生态平衡就会被扰乱。具体到鸦类，如星鸦、地鸦、松鸦等都有埋藏食物（种子）的习性，一些种子被它们无意中种下，生根发芽，开花结果。据报道，一群30～40只松鸦搜集的松果数目达到20万个，可带至10千米以外。在澳大利亚，有一些坚硬的种子必须经过鸟类消化道后才有可能萌发。而星鸦、松鸦和山鸦等就是森林扩展的大功臣。据国外报道，伊朗地鸦秋季拣食或埋藏大量植物的种子，相当于"植树造林"，对在荒漠中播撒各种灌木的种子有重要作用。

清道夫的钢铁胃

过去人们称鸦类为"清道夫""环境清洁工"等,原因是它们喜欢在有垃圾的地方活动,对于清理腐尸和腐烂食品、净化环境与控制疾病的传播有一定的生态平衡作用。在辽阔的荒漠或草原地区,聪明的鸦类总是最先发现动物的尸体,之后才有猛禽和猛兽光顾。鸦类机体内特殊的生理功能和免疫系统,使其摆脱和遏制了生物界疾病的传播和扩散。但是,正是这种不雅的习性,使乌鸦蒙受了不白之冤。它们的行为被许多人误解、漠视或冷落,甚至是厌恶透顶。

从另外的角度分析,鸟类特别是杂食或肉食性的鸟类,自然会成为食物"金字塔"的顶端群落 —— 工业化或城市化污染的最终受害者。尽管换羽和产蛋是鸟类清除自身污垢包括体内重金属积累的"绝招",甚至有的鸟一年更换两次羽毛、产三窝卵,但始终不能摆脱被"污染"或毒杀的厄运。

鸦类的文化价值

文化题材中的鸦类故事实在太多了,典故和诗歌中的"爱屋及乌""寒鸦反哺""三足金乌""嗷嗷林乌,受哺于子"及元曲"枯藤老树昏鸦,小桥流水人家"等充满着人文情怀,是人们对自然的讴歌,对道德品质的推崇,对身边事物的细腻观察,对人类社会自身的反省。诸如"青乌""涂鸦""墨鸦""金乌""暮鸦""寒鸦""晓鸦""月落乌啼"和"昏鸦"等一类词,不仅反映出文人墨客咏物言情、意境幽远,还反映了人与自然的和谐,以及理想与现实的和谐。实际上"涂鸦"涂的不是鸦,而是自我。人类对鸦类的矛盾心态,大大丰富了文化的内涵和对生命的理解。就像住在伦敦塔上的那群渡鸦一样,人们依然深信如果有一天它们都离去了,那么高塔会随之倾覆。鸦类及其他鸟类应该是人类最好的邻居和朋友。

鸦类的科学价值

鸦类的特殊生存能力,成为科学研究的有用素材。包括解剖学、生理学和行为学的,以及与进化水平、智慧起源和环境演变的关系,都有待科学家们去探究。鸦科鸟类是动物界中最聪明的种类之一,有许多不解之谜等待人们去认识。其消化系统及抗拒病毒的机能,埋藏食物的定位能力,反哺的生物学意义等都是十分独特的。所有鸟类都具有仿生学的利用价值,值得人类去学习。同时飞行中的鸟类也是一些寄生虫和病原物的携带者和传播者,是不能不重视的。

本书研究的核心对象——白尾地鸦——作为特殊的沙漠鸟类,对干旱无水环境的适应,对大风沙尘天气的适应,其身体结构和代谢功能必然十分特殊。从系统发生和生物进化的角度分析,地鸦的演化过程应该是

鸦科不仅仅有乌鸦,鸦类的世界很精彩,看白尾地鸦如此婀娜多姿(郭　宏　摄)

从丛林鸟逐渐演变成草原鸟，最后变成戈壁鸟（黑尾地鸦）或沙漠鸟（白尾地鸦）。其中的奥秘有待人们去研究和探索。

以鸟类为师

世界万物都是相辅相成的。人们经常在不知不觉地向动物学习，从周围自然界获取精神营养和物质营养。如果没有飞翔的鸟类，人类飞天之梦就缺少参照内容；如果没有鸟类爱唱歌的天性，人类怎么会有作曲和赋诗的雅趣；在沙漠里如果没有生命包括地鸦和百灵鸟出现，那和地狱又有什么区别！通过地鸦的研究和以上各章的介绍，赋予白尾地鸦以"地鸦精神"的美誉，包含了生命与恶劣环境抗争的深刻意义，与人类征服塔克拉玛干沙漠"死亡之海"的勇气和实践过程，共同体现了生命的无限魅力。确实，鸟类在直接或间接地影响着人们的生活。要更加精心地爱护鸟类，向鸟类学习，可以更好地促进人类的自身发展和进步。

二、面临的威胁

白尾地鸦面临的威胁来自许多方面，有自然的因素，也有人为的因素，比如人口增加所带来的环境恶化、猎杀和天敌等。虽然，在地鸦分布的塔克拉玛干沙漠地区人烟稀少，人为破坏相对较小。但是50年来周边地区的开发活动日趋加大，对沙漠植被、河流、湖泊、地下水位、地表结构、气候等都有深刻的影响。1990年以来石油业的发展使得沙漠中的公路网络和人类活动营地增加，直接或间接地威胁到地鸦的生存安全。国外一些鸟类学家根据100多年来探险报告分析和研判，已经注意到了白尾地鸦数量的下降趋势。以下列举几点人为的或自然的不利因素对地鸦造成的威胁。

捕捉和盲目伤害

主要发生在石油基地和沙漠公路的养路段（站）。由于常年生活在沙漠中，荒无人烟，又缺乏文化娱乐活动，工人们常常以捕鸟取乐，特别是在闲暇的季节。一些外来的民工收入微薄，每人的日常生活费只有6~10元，经常没有钱购买肉吃，为了补充身体内的蛋白质需要，被迫捕食野生动物（包括白尾地鸦、塔里木兔、鹅喉羚等）。白尾地鸦是杂食性的鸟类，喜欢在人类定居点附近的垃圾堆上活动，有时也进入营房内觅食，容易被捕获。

白尾地鸦也是笼养鸟之一，成为鸟市上被贩卖的对象。可笑的是，早在1874年外国探险家采集并命名白尾地鸦时，两号模式标本中的一个就是在鸟市上"发现"并购得（见第四章）。

过度垦荒造成栖息地丧失

历史上塔里木盆地有规模的垦荒活动已有大量记载，沙漠化曾经造成数千年楼兰古国、扜弥国、精绝古国（尼雅城）等一系列沙漠腹地人类文明摇篮的消失。20世纪50年代以来较大规模的开荒活动直接造成塔里木河下游的断流和罗布泊的干涸。近年的"中国西部大开发"已经演变成一场大规模的开荒活动。如和田河、阿

当地人捕捉白尾地鸦出售，作为食材或入药，
吹嘘"包治百病"（马 鸣 摄）

克苏河、塔里木河、克里雅河、牙通古斯河、安迪尔河、车尔臣河等流域的开荒已经深入到沙漠之中。相关的是各地无视国法大兴水利建设，在上游拦坝截水、扩大水库容量、渠网防渗、挖井抽水等。结果，下游地区的生态环境遭受灭顶之灾，如水量减少、水质恶化、地下水位下降、沙生植被退化、胡杨死亡及沙漠化等。

过度放牧的间接影响

牧民们世世代代逐水草而居，沙漠边缘的过度放牧同样对环境造成不良影响。现在你很难相信在沙漠腹地依然保留了一些原始的纯牧业社区结构，或"半农半牧"这样的原始部落封闭的经营和生存方式。如塔里木河下游的罗布庄和克里雅河下游的达里雅博依（大河沿）等，而中国科学院20世纪80年代考察时发现并曾经大量报道的所谓与世隔绝的"世外桃源"，其实是封闭落后的一个缩影。在这种恶劣的生存环境中，人与野生动物之间很难达到和谐和共同发展。

在民丰县的安迪尔，牧民反映骆驼喜欢吃白尾地鸦的巢（细嫩枝条构成）。实际上在沙漠里牧民以砍树枝牧羊的方式，创造了特殊的"秃树"奇景。

2000年10月20日见到五六位当地牧民在沙漠中部挖药材（如：肉苁蓉），严重毁坏了沙生植被。在南部贫困地区，守着大油气田，民间的燃料却依然取自野生的红柳和胡杨，民丰县城半径40千米范围内的红柳灌木基本被当地人砍光。

利用地鸦治疗疾病

受传统中医的影响，当地"阴盛阳衰"和迷信野生动物的特殊滋补作用，人们常常四处寻求"秘方"，以求强身健体，壮阳补肾。据说白尾地鸦是被选择的目标之一。2000～2001年在喀什、阿克苏、库车、轮台南部、塔中基地、民丰、且末、安迪尔、于田、墨玉、和田、洛浦、莎车等地调查访问，当地人关于地鸦利用价值的说法不一。因为十分落后，缺医少药，所以"有病乱投医"现象普遍存在，这是可以理解的。特别是地鸦生活在极其恶劣的环境中，其骨肉、血液、脑子等被认为有特效，几乎能"包治百病"，包括胃病、心脏病、关节炎、失眠症、皮肤病、老年病等。被访问的130多人（包括司机、厨师、民医、退休老人、看门人、旅客、中学教师、石油工人、养路工人、乡村干部、牧羊人、农民等），有

30%~40%的人知道或见过这种鸟。还有人将地鸦肉风干后当作礼品送人。在其他一些地方,人们将地鸦的肉晾干后入药。

寻宝者的向导

根据鸦类具有挖掘和埋藏食物的天性,民间流传一些迷信的说法,如鸦类具有发现珠宝的能力,喜欢将耳环、戒指等贵重首饰深埋于沙地中。特别是在尼雅、克里雅(于田)、喀拉墩、圆沙古城、丹丹乌里克、楼兰、罗布泊等古迹分布多的地区,150多年来一直是国内外探宝者们垂涎三尺、觊觎之地,附近居民亦深受影响。而且,白尾地鸦喜欢在沙漠古城附近活动,是唯一能引起沙漠行者注意的生灵,成为"偷墓贼"的"指示鸟"并不奇怪。实际上,历史上的古城多位于故河道的尾闾,如今依然有比较丰富的地下水和植被,亦是白尾地鸦经常出没的栖息地。人们在追逐地鸦的过程中直接伤害它们,或者间接干扰地鸦的生活和繁殖。

西部大开发的影响

沙漠腹地的油井附近有个别污染源,如原油池、废水坑等,常常使鸟类误入其中而中毒身亡。据工人们和油田公安警察介绍,一些鸟类变成了黑色而难以辨认。目前还不能肯定是否对白尾地鸦构成威胁。直接影响还是来自于石油基地不断增加的人口数量,特别是大量低素质员工涌入,捕猎的压力逐年增大。

公路鸟撞

目前，在新疆南部已经有5～7条高等级公路穿过白尾地鸦和黑尾地鸦栖息的区域，如阿克苏—和田、轮台—民丰、尉犁—若羌、巴楚—莎车、格尔木—喀什、库尔勒—喀什、吐鲁番—库尔勒等。随着车速及车流量的增加，沙漠公路上的鸟撞以及对其他物种的碰撞时有发生。据沿路长途旅客运输汽车司机反映，车撞地鸦往往与刮风使地鸦飞行避让出现困难，导致碰撞。缺乏经验的亚成鸟或幼鸟最易被伤害。2003年1月29日，笔者首次在尉犁—若羌沙漠公路铁干里克与阿尔干段，记录到白尾地鸦被汽车碾压的事件。2003年6月25日在轮台肖塘附近一只白尾地鸦被汽车碰撞而亡，后来被制作成标本。

公路撞击，在沙漠公路上经常有黑尾地鸦和白尾地鸦命丧黄泉（马　鸣　摄）

地鸦被汽车撞死的记录还多见于黑尾地鸦。原因与黑尾地鸦生存区域公路网比较密集相关。例如，1997年8月9日在新疆巴里坤西北部的一条简易公路上见到黑尾地鸦被压扁在路面上；1999年7月10日笔者在哈密至口门子区段的戈壁上见到一只黑尾地鸦被汽车压碾致死。2003年6月28日在新疆南部的皮山县城以西有一只黑尾地鸦被汽车撞死（已制成标本），当时还见几只地鸦在远处啼鸣。2003年11月4日，一对地鸦在托克逊县库米什附近（以东约20千米）的高速道上活动，其中一只成鸟被汽车碰死（汽车时速140千米；地鸦尸体已被制成标本）。观察结果表明，如果汽车时速达到100千米以上时，无论是反应迟缓、愚笨的幼鸟，还是敏捷、聪慧的成鸟，都难逃惨死车轮下之命运。

1998～2003年的沙漠公路沿线调查表明，除了地鸦被汽车撞击，惨死车轮下的动物还有猎隼、燕隼、金䳭鸽、欧鸽、戴胜、紫翅椋鸟、赤颈鸫、黑顶麻雀、塔里木鬣蜥、沙蜥、塔里木兔、跳鼠、沙鼠、家鼠等。实际上，国外也有这方面的报道和评述，被称之为"路杀"。

由于经常有食肉动物在公路附近搜寻被碾的尸体，如虎鼬、狐狸、棕尾鵟、渡鸦等，实际调查到的撞鸟案例要少一些。

天敌侵害（自然因素）

上述各条多属于"人为因素"，而自然因素却不为人们了解。实际上自然因素可能非常重要，包括自身的协同进化、遗传变异、疾病、种间竞争、自然灾害等。由于沙漠腹地出现了一些石油营地，引来许多的猛禽，如棕尾鵟、黑鸢、隼类、鹞类、小鸮、耳鸮、雕鸮等。还有一些猛兽，如狐狸、野猫和流浪狗等。据石油工人说只要猛禽出现，地鸦的数量就会锐减。因为在空旷的沙漠里，地鸦很难隐蔽自己。沙漠中饥饿的狐狸以鼠类为食，但同样对地鸦的巢、卵和幼鸟构成严重威胁，几处狐狸粪便中包含大量羽毛，就是有力的证据。

2003年和2018年，"地鸦研究小组"在沙漠腹地分别遇见游隼和棕尾鵟在沙丘间寻觅猎物，捕食幼鸟。曾经在附近繁殖的白尾地鸦，已经不知踪影。考察期间还搜集到一些食肉兽的粪便，其中除了鼠毛，还有鸟类羽毛。2017～2019年间，多次发现猛禽在地鸦繁殖区活动，红外相机记录到它们捕食巢内幼鸟的画面。

其他环境问题

关于新疆的环境问题，从大到小还可以罗列出一大堆，诸如近年大规模生产建设引起的生境破碎、调水工程、石油工业基地扩张、无序垦荒的危害、西气（油气）东输工程、捕猎与野生动物买卖市场（集市）、无证开矿（如：氰化物选矿）、城市化（膨胀）与环境污染、旅游工程、落后地区的贫困化、荒漠化与盐碱化、水资源危机与罗布泊干涸现象（连锁反应）、上游筑坝截流引发的断流与湿地萎缩、农业问题（滥用农药、毒药、化肥、棉花害虫、蝗灾、鼠害、烧荒、弃耕）、沙尘暴、垦荒与伐木毁林、焚烧农田秸秆、各地开辟国际狩猎场、走私野生动物、自然保护区内的过度开发、地区人口政策与移民、外来生物物种盲目引进和入侵、决策失误、不良生活习惯（腐化和浪费）等影响生态环境的事件。还有许多环境问题这里不能逐一叙述。上述各项活动直接涉及白尾地鸦和其他生物的栖息地，并威胁到它们的生存和生态安全。

生态旅游，看上去确实很美，这是地球上仅有的一片净土（马 鸣 摄）

最后，提一点保护建议。白尾地鸦已经被列为"世界濒危鸟种"（1994）和"全球狭布鸟种"（1998），并被编入2001年版《亚洲鸟类红皮书》之中（近危种）。但是，令人费解的是，白尾地鸦迄今未被列入《国家重点保护野生动物名录》《中国濒危动物红皮书》和《新疆维吾尔自治区重点保护野生动物名录》之中。作为中国的特有物种，理应尽快纳入国家和地区的保护名录之中。2017～2020年，我们参与了国家动物法的修改和物种名录的增补，两种地鸦已被录入重点保护的名单，尚待公布。

按照中国人的传统习惯和"天下乌鸦一般黑"的思想，鸦类属于被排斥的一类，其处境很少会被重视。在新疆或者说在整个中国，人们极少了解地鸦，研究领域几乎是空白。所以，在社会上存在偏见和迷信思想不足为怪。因此，建议进一步开展白尾地鸦的科学研究，给民众普及相关知识。通过改善新疆南部的生活和医疗条件，提高教育水平，大力宣传野生动物保护法，破除愚昧落后的思想，减少环境破坏和捕杀所带来的压力。在塔里木盆地已经被列入"亚洲重点鸟区"（IBA）的十几个地点，应该建立相应的自然保护区，通过国家政策和国际合作，共同保护白尾地鸦及其生活环境。

三、让我们一起保护共同的家园

"塔克拉玛干"在维吾尔语中还有另外一层意思,是"人类过去的家园"。从沙漠之中散布的无数人类遗迹、遗址可以知道,人类确实早已经失去了这个家园。

根据保护生物多样性的原则,1998～1999年塔克拉玛干沙漠相继被国际组织列为世界"特有鸟区"(EBA)和"重点鸟区"(IBA)。有人会问:塔克拉玛干还会有"生物多样性"吗?显然,塔克拉玛干沙漠中生物并不丰富,那里是"生命的禁区",生物种类稀少,似乎不存在"多"样性。但是,在沙漠腹地及周边戈壁上,生活着两种珍贵鸟类,一种叫白尾地鸦,另一种叫黑尾地鸦,它们的遗传特性和对极端环境的适应性,使塔克拉玛干沙漠具有了入选EBA和IBA的条件和资格。

白尾地鸦属中国的特有鸟种,国外称之为新疆地鸦,其分布区仅局限于新疆南部的塔克拉玛干沙漠。被列为"世界濒危鸟种"和"全球狭布鸟种",并被编入《亚洲鸟类红皮书》之中。因为它与乌鸦为伍,被误认为"天下乌鸦一般黑",对于保护这些沙漠物种,一些人会不以为然。

我们曾经在克里雅河下游记录到当地牧民捕杀地鸦的事件。当时有三只白尾地鸦被铁夹夹住,其中一只被制成肉干入药,其余被我们索取当作标本收藏。类似的案例,还有许多。

人口与城市化是中国两个大问题，白尾地鸦
将向何处去呢（赵兰生　摄）

　　1978年我国考古工作者首次在辽宁省营口金牛山遗址发掘出地鸦化石，这可能是世界上唯一的一件地鸦化石，记录时代大约为更新世。可见，过去地鸦的分布范围比今天要大许多。

　　实际上，在极端条件下，哪怕是一两种"可恶的"老鼠（如跳鼠、沙鼠等），都会被认为是在"多样性"概念下的严格保护对象。有几位国外著名鸟类学家，他们曾经沿着喀什、阿克苏至库尔勒距离1000千米公路沿线寻找白尾地鸦，所获无几，最后只在库尔勒以南的普惠遇见6只。这与100年前探险家们的报道有很大的变化，专家们对当年的"十分多见"表示极大疑惑，是什么原因使其数量锐减呢？这与70多年来的过度放牧山羊与骆驼、砍伐胡杨林和红柳、油田开采、开荒和土地退化等密切相关。这些不能不给人们敲响警钟。

被国际组织列入世界特有鸟区的中国地区只有十几处，而且大部分在西部地区。这看上去有点让人意外和纳闷。如此蛮荒的不毛之地，有"物种多样性"存在吗？实际上仔细想一下，就一点儿也不奇怪了。在东南沿海和中部地区，由于人口密集和片面强调发展而忽视了环境保护，野生动物的栖息地已被彻底改变，大、中型野生动物早已绝迹。人们只能从博物馆里找到它们的化石、标本和遗骸，连那些小型动物（包括鼠和蛙）也常常会出现在人们的餐桌上，人们已经没有什么野味可以不吃。这让人想起来确实可悲可泣。

相比之下，新疆的高山、森林、草原、荒漠、绿洲和湿地还保持了较为原始的状态。还有一些没有人烟的地方，当地的人们有着良好的传统习俗和习惯，捕杀动物被许多民族认为是不道德、不吉祥、不友好的行为。历史上新疆有过太多的教训，脆弱的生态环境和人为的开发活动曾造成古楼兰国神秘的消失，上游地区大量的移民和垦荒活动使得孔雀河和塔里木河下游的"绿色走廊"断裂、萎缩，罗布泊也变成了盐泽。人们还有什么理由不去保护好自己的家园呢？

"多样性"理念传入我国已经二三十年了。什么是生物多样

性，依然有许多模糊的认识。实际上生物多样性的提出是从保护和发展的角度出发，期望在满足人们对生物圈利用（掠夺）的前提下，如何持续或永续地去获得利益。换句话说，就是能为子孙后代留点什么。因此，这个"多"包含了有识之士的一种危机四伏的忧患意识，不能简单地理解为"丰富"。从理论上讲，生物多样性包含了三层意思，即物种之间的不同性、遗传基因的变异性、生态环境（系统）的复杂性。请读者注意在这三个层次中并没有提到一个数量上的"多"字，我们理解这个"多"的概念就是"特异、

地鸦的世界很精彩，地鸦的世界很无
奈（自由飞 提供）

变化和复杂"的概括。塔克拉玛干沙漠动物对极端环境的遗传适应性就体现了"物种 — 遗传 — 生境"的特殊性。

在新疆的戈壁、沙漠和大山中,还残存着许多类似于白尾地鸦、黑尾地鸦的特殊物种。如塔里木兔、野生双峰驼、新疆野驴、沙鼠、跳鼠、马可波罗盘羊、高山雪鸡、黑腹沙鸡、中亚鸽、雪雀、漠雀、南疆岭雀、沙蟒、四爪陆龟、塔里木鬣蜥、西域沙虎、新疆北鲵、塔里木裂腹鱼、大头鱼等。它们当中的大多数虽然深居荒漠和高山,却能享誉国内外,因为它们是世界物种基因库中的佼佼者。

新疆人应该为此而感到自豪,让我们一起来保护好自己的家园吧。

沙 漠 地 鸦 / S H A M O   D I Y A